普通高等教育"十三五"规划教材

遥感数字图像处理与分析
——ENVI 5.x 实验教程
（第2版）

杨树文　董玉森　詹云军　蔡玉林　等编著

电子工业出版社.

Publishing House of Electronics Industry

北京·BEIJING

内 容 简 介

本书在前一版的基础上，基于 ENVI 5.4 对全书进行了修订，增加了一些新内容，以突出实用性。本版仍分为基础篇和增强篇。基础篇内容包括导论、ENVI 窗口组成、图像预处理、图像增强、图像分类、图像变化检测、高分辨率遥感图像分割、遥感制图与三维可视化；增强篇内容包括高光谱分析技术、雷达图像处理、地形特征提取、多特征信息提取与分析。全书重点介绍了遥感数字图像处理中常用的基本功能和部分增强功能，并针对遥感专题提取建模做了较为详细的实例说明，注重基本能力与专题应用能力的共同提高。

本书可作为遥感科学与技术、地理信息科学、测绘工程、城乡规划、地理学等专业的本科生遥感课程的实验教材，也可供地图学与地理信息系统、摄影测量与遥感等专业的研究生及相关技术人员参考。

图书在版编目（CIP）数据

遥感数字图像处理与分析：ENVI 5.x 实验教程/杨树文等编著．—2 版．—北京：电子工业出版社，2019.2
ISBN 978-7-121-35725-1

Ⅰ．①遥… Ⅱ．①杨… Ⅲ．①遥感图象－数字图象处理－高等学校－教材 Ⅳ．①TP751.1

中国版本图书馆 CIP 数据核字（2018）第 275072 号

策划编辑：谭海平

责任编辑：谭海平 特约编辑：王 崧
印　　刷：三河市鑫金马印装有限公司
装　　订：三河市鑫金马印装有限公司
出版发行：电子工业出版社
　　　　　北京市海淀区万寿路 173 信箱 邮编：100036
开　　本：787×980　1/16　印张：15.25　字数：366 千字
版　　次：2015 年 6 月第 1 版
　　　　　2019 年 2 月第 2 版
印　　次：2023 年 1 月第 10 次印刷
定　　价：49.00 元

凡所购买电子工业出版社图书有缺损问题，请向购买书店调换。若书店售缺，请与本社发行部联系，联系及邮购电话：（010）88254888，88258888。

质量投诉请发邮件至 zlts@phei.com.cn，盗版侵权举报请发邮件至 dbqq@phei.com.cn。

本书咨询联系方式：（010）88254552，tan02@phei.com.cn。

编 委 会

前　言

ENVI（The Environment for Visualizing Images）是目前遥感领域应用最为广泛的遥感影像处理专业软件之一。ENVI 功能齐全，包括常规处理、几何校正、辐射定标、多光谱分析、高光谱分析、雷达分析、地形地貌分析、矢量应用、神经网络分析、区域分析、GPS 连接、正射影像图生成、三维图像生成、可供二次开发调用的函数库、制图、数据输入/输出等。ENVI 5.4 继承了前几版的界面风格，对功能结构进行了调整，对操作界面进行了优化，并新增了一些图像处理操作，从而更为强大和完善。

本书第 1 版于 2015 年 6 月出版，在 3 年多的使用过程中，受到了广大用户的欢迎和好评，同时用户也对教材中存在的问题和缺陷进行了指正，笔者代表编委会表示衷心的感谢！为此，在前期使用的基础上，通过广泛收集建议和意见，编委员会对部分内容进行了修改和调整。修改和调整的内容主要包括：（1）全书基于 ENVI 5.4 重新进行了修订；（2）新增了图像变化检测的内容；（3）增加了部分图像增强处理的内容；（4）增加了气溶胶反演与分析、地表温度反演与分析等专题内容；（5）对第 1 版中存在的错误和纰漏进行了修订。

新版分为基础篇和增强篇，共 12 章。基础篇包括第 1 章至第 8 章，第 1 章介绍遥感数字图像处理与分析的基本概念、研究内容及 ENVI 5.x 的功能与特色；第 2 章介绍 ENVI 软件的基本设置和基础知识；第 3 章介绍 ENVI 图像预处理的主要操作，包括图像辐射定标、大气校正、几何校正、图像裁剪、图像镶嵌、图像彩色合成和图像融合，增加了矢量数据处理等内容；第 4 章介绍图像增强处理，包括图像变换、滤波增强和纹理分析等，新增了直方图均衡化和直方图规定化等内容；第 5 章介绍图像分类，包括非监督分类、监督分类（最大似然法分类、最小距分类、神经网络分类和支持向量机分类）、决策树分类、分类后处理及精度评价方法等；第 6 章新增了图像变化检测的内容，对图像直接比较法和分类后比较法进行了详细介绍；第 7 和第 8 章仍然介绍遥感图像分割和遥感制图与三维可视化操作。增强篇包括第 9 章至第 12 章，第 9 章介绍高光谱分析技术，包括波谱重采样、图像波谱分割等；第 10 章介绍雷达图像处理技术，包括雷达图像基本处理、地理编码和极化处理等；第 11 章介绍地形特征提取，包括地形建模、地形特征提取、DEM 自动提取等；第 12 章介绍多特征信息专题建模提取与分析，详细分析水体、植被和高分辨率影像中阴影的建模方法与提取的具体实验步骤，新增了气溶胶反演与分析及地表温度反演与分析等内容。

书中所有实验数据都放在华信教育资源网（www.hxedu.com.cn）上，请读者自网上按书名或书号找到该图书后，直接在页面上下载。

本书由兰州交通大学杨树文教授组织修订，经编委会反复论证，形成本书的基本框架和内容。

其中，第 1 章、第 12 章由杨树文编写，第 2 章由高松峰编写，第 3 章由李名勇编写，第 4 章由何毅编写，第 5 章由罗小波编写，第 6 章由蔡玉林编写，第 7 章和第 8 章由李雪梅编写，第 9 章由詹云军编写，第 10 章由董玉森编写，第 11 章由韩惠编写。全书由杨树文主持编写和统稿、校对。此外，兰州交通大学的臧丽日、高丽雅、申顺发、宋郤、刘燕、薛理、马吉晶、闫如柳、贾鑫和牛丽峰等研究生对各章节的文稿和实验进行了反复检查与测试，在此一并致以诚挚的谢意。

本书可作为遥感科学与技术、地理信息科学、测绘工程、城乡规划、地理学等专业的本科生遥感课程的实验教材，也可供地图学与地理信息系统、摄影测量与遥感等专业的研究生及相关技术人员参考。

本书在编写、修订过程中虽然对涉及的实验反复验证，但由于编者水平所限，错误与不妥之处在所难免，恳请读者批评指正。

杨树文

2018 年 11 月

目　录

第 1 章 导 论

本章主要内容：

● 遥感数字图像处理与分析
● ENVI 5.x 概述

1.1 遥感数字图像处理与分析

1.1.1 基本概念

遥感是指应用现代技术和先进的工具，不与目标物体相接触，而从远距离接收目标物体的电磁波谱信息，并对所搜集的信息进行加工、传输、处理、存储，最后对其进行分析与解译的一门新兴的综合性科学技术[1]。

遥感数字图像处理是遥感技术的核心内容之一。遥感数字图像是以数字形式记录的二维遥感信息，即其内容是通过遥感手段获得的，通常是地物不同波段的电磁波谱信息，其中的像素值称为亮度值（或称为灰度值、DN 值）。

遥感数字图像处理是指利用计算机对遥感数字图像进行一系列操作，从而获得某种预期结果的技术[2]。

1.1.2 遥感数字图像处理的主要内容

遥感影像数字图像处理的内容主要有：

（1）图像恢复。即校正成像、记录、传输或回放过程中引入的数据错误、噪声与畸变，包括辐射校正、几何校正等。

（2）数据压缩。采用栅格数据编码、分形等技术减少冗余数据，以提升传输、存储和处理数据的效率。

（3）影像增强。针对性地突出影像的某些特征，同时抑制或去除某些不需要的信息，以提高影像中某些地物的可识别性。常用的方法包括空间域增强、频率域增强、彩色增强、信息融合、K-L 增强、K-T 增强及比值运算等。

（4）图像分割。把图像分成若干特定的、具有独特性质的区域，并提取感兴趣目标的技术和过程。图像分割是深入进行图像识别、分析和理解的基础。常见的方法包括基于阈值的分割方法、基于区域的分割方法、基于边缘的分割方法和基于特定理论的分割方法等。

（5）变化检测。根据不同时间的多次观测来确定某个地物的状态变化或确定某现象的变化过程。根据遥感图像分析和变化信息获取的不同层次，将变化检测方法分为基于像素级的变化检测、基于特征级的变化检测和基于目标级的变化检测三类。

（6）图像分类。图像经过某些预处理（复原、增强等）后，对图像进行分割和特征提取，从而实现地物类别的分类。常见的方法有非监督分类、监督分类、模糊分类、人工神经网络分类和决策树分类等。

1.1.3 遥感图像理解与分析

图像理解就是对图像的语义理解，它是以图像为对象，以知识为核心，利用计算机系统研究图像中有什么目标、目标之间的相互关系、图像是什么场景及如何应用场景的一门学科[3]。图像理解所讨论的问题是为了完成某一任务，需要从图像中获取哪些信息，以及如何利用这些信息获得必要的解释[4]。

王润生[5]、章毓晋[6]和孙显[7]等均对图像处理、图像分析及图像理解的层次模型进行了论述，三者的抽象程度和数据量成反比，如图 1.1 所示。

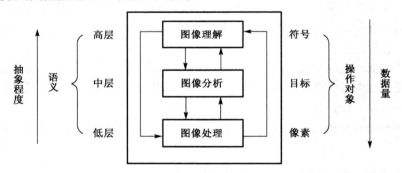

图 1.1　图像处理、分析和理解的层次模型（孙显，2011）

其中，图像处理是低层操作，数据量大，抽象程度低，主要针对图像像素进行处理，强调图像的变换及其之间的相互转换；图像分析是中层操作，数据量减小，抽象度提高，主要针对图像中感兴趣的目标信息，通过检测来实现图像分割和特征提取，并用简洁的数据形式来描述图像；图像理解是高层操作，数据量小，抽象程度高，主要针对由描述抽象出来的符号进行运算，进而研究图像中各目标的性质及其之间的相互联系，用以理解图像的内容。

遥感图像理解是图像理解的范畴，是图像理解理论的一个重要分支。其研究内容主要涉及三个方面，即对场景中的感兴趣地物目标进行检测识别，对整个场景进行描述和解译，对图像及目标空间语义进行分析和计算。

遥感图像理解的研究方法包括遥感图像特征信息的表达与提取及遥感分析模型的构建。信息的表达与提取研究如何选取典型的影像特征和目标描述因子,遥感分析模型研究基于统计分析等专题分析下的符合实际需求的目标识别、分类模型。

1.1.4　遥感数字图像处理技术与发展

依靠专家进行人工目视解译和分析的方法虽然简单方便,但存在工作效率低、人为影响等因素。遥感数字图像处理技术的出现,从根本上改变了传统遥感图像的处理与识别方式,为遥感技术系统的完善,实现对地物高效、快速识别及多源信息的数字化融合处理创造了良好的条件(汤国安,2004)。

目前,遥感数字图像处理技术主要是基于像素级别的光谱、纹理和上下文环境等特征设计的处理算法。这些算法针对中低分辨率影像一定程度上能解决目标信息的识别和提取,具有较高的精度,但针对高分辨率影像往往精度不够,难以提取图像中的细节信息。因此,近年来基于对象(基元)的图像分析技术逐渐被大家所关注和研究。该方法以含有更多语义信息的多个相邻像素组成的对象为处理单元,根据目标信息分类或提取的要求,检测目标地物的多种图像特征(如光谱、纹理、形状、大小、阴影和空间位置等)(孙显,2011),从而达到对遥感图像进行分类或目标信息提取的目的。

总之,遥感图像处理技术在向高速、高分辨率、立体化和智能化的方向发展。

1.2　ENVI 5.x 概述

ENVI 是一个完整的遥感图像处理平台[8],包含齐全的遥感影像处理功能:常规处理、几何校正、辐射定标、多光谱分析、高光谱分析、雷达分析、地形地貌分析、矢量应用、神经网络分析、区域分析、GPS 连接、正射影像图生成、三维图像生成、可供二次开发调用的函数库、制图、数据输入/输出等功能。

ENVI 5.0 采用了全新的软件界面,界面有菜单项、工具栏、图层管理、工具箱、状态栏几个组成部分,所有操作都在一个窗口下。

ENVI 5.4 延续了 ENVI 5.0 和 5.2 的界面风格,同时保留了 ENVI Classic 的三窗口操作界面,新增或改进了很多功能,让使用者操作更便捷,个性化更强。

1.2.1　ENVI 软件特点

ENVI 具有以下特点:
(1)简单易用。具有灵活、友好的界面,简单易学,便于操作和使用。
(2)性能可靠。将主流的图像处理过程集成到流程化(Workflow)图像处理工具中,提高了图像处理的效率;具有先进、可靠的影像分析工具,尤其具有突出的专业光谱分析能力。
(3)易于拓展。底层 IDL 语言可以帮助用户轻松地添加、扩展 ENVI 的功能,甚至开发/定制自己的专业遥感平台。
(4)与 ArcGIS 的"无缝融合"。为遥感与 GIS 一体化集成提供了最佳的解决方案。

1.2.2 ENVI 5.x 新增功能

ENVI 5.1、ENVI 5.2 在 ENVI 5.0 基础上的新增功能[9]如下。

1．支持更多的传感器和文件格式

（1）支持新传感器数据，包括 IRSResourceSat-2、NigeriaSat-1/2、GeoEye-1 数据的.til 文件，SSOT（FASat-Charlie）、KOMPSAT-3、RASAT&Göktürk-2、RapidEyeLevel-3B、NPPVIIRS 等传感器数据。

（2）新增了对 GIF、ECRG、SICD 和 HDF5 等数据格式的支持，提供通用的 HDF5 数据的浏览工具，可以从.h5 的不同数据集中新建一个栅格数据。

（3）64 位的 ENVI 5.4 直接支持 JPIP 和 IAS 流。

（4）全面支持 Landsat 8 数据，如 Landsat 8 Surface Reflectance 数据和_MTL.txt 元数据文件的读取、太阳高度角的自动校正及 Landsat 8 OLI 的大气校正等功能。

2．改进了光谱曲线显示工具

采用全新的光谱曲线显示工具，可浏览波谱库数据并绘制新的波谱曲线图，内置植被指数图例。支持属性的修改，支持多个显示窗口的拖放，可显示 X、Y、Z 和任意方向的剖面图。

3．增加了无缝镶嵌工具

新增了流程化的图像镶嵌工具，在一个流程化的界面中集成了所有功能。新增功能如下。

（1）控制图层的叠放顺序。

（2）设置忽略值，显示或隐藏图层或轮廓线，重新计算有效的轮廓线，选择重采样方法和输出范围，可指定输出波段和背景值。

（3）可进行颜色校正、羽化/调和。

（4）提供高级的自动生成接边线功能，也可手动编辑接边线。

（5）提供镶嵌结果的预览。

4．强化了 ROI 工具

强化后的感兴趣区（ROI）工具包含所有经典 ROI 工具的功能，可定义各种形状和类型的感兴趣区，亦可根据矢量某一属性的条件建立 ROI。同时，感兴趣区文件带有坐标，可用于任何与之有地理重叠的栅格数据，支持坐标自动重投影。

5．强化了个性化特征

强化了个性化特征，如快捷键的增加、工程化的管理、缩放速度的控制、光标所在像素值及坐标的显示、在图层管理器中对数据重命名等。同时，支持多视窗之间的数据层的拖放，以及从数据管理器到多视窗的数据拖放，并增强了矢量数据的显示性能。

6．新增了自带数据

（1）自带最新的波谱库数据，新增超过 6500 个新的波谱，更新了 ASTER 波谱库和 USGS 波谱库。这些数据的存放位置是 "...\ProgramFiles\Exelis\ENVI54\data\"，它们的坐标系都是 GCS_WGS_1984。

（2）提供全球自然地理栅格、矢量数据集，可直接使用。包括 GMTED 2010 全球 DEM（30 角秒空间分辨率）、全球自然地形渲染图、全球小比例尺 Shapefile 矢量数据。

7. 提高了数据处理效率

采用高速缓存技术极大地提高了处理效率。如改进的正射校正工具，使处理效率提高了 25 倍，自带 GMTED2010DEM 数据用于正射校正，可以自定义输出像元的大小，GLT 校正加入了蝴蝶结效应的校正，对 MODIS 做几何定位处理时可校正双眼皮效应。

8. 改进了高光谱物质识别工具

改进后的高光谱物质识别工具新增了 ACE 光谱匹配算法，可基于贝叶斯统计计算概率得分来解释识别的结果。

9. 拓展了 API 功能

拓展后的 API 功能包括感兴趣区（ROI）、事件模型（鼠标事件）、坐标转换库、数据采集、定义&查询 GCPs、RPC 正射校正、辐射定标、无缝镶嵌及蝴蝶结效应校正的选项等，同时新增了批处理程序。

ENVI 5.4 在 ENVI 5.1、ENVI 5.2 的基础上，增加了一些新的功能[10]，具体如下。

1. 传感器和数据支持

支持新传感器数据，包括 ADS80 Level-2 产品、Landsat 8 Surface Reflectance、PlanetScope 数据、Sentinel-2 Level-2A、Amazon Web Services 分发的文件、哨兵-3 海洋和陆地彩色仪（OLCI）及海陆地表温度辐射计（SLSTR）数据、UrtheCast Theia 等传感器数据。

2. 显示工具

设置 ENVI 格式影像的默认拉伸时，可指定最小/最大值。若未指定，则使用图像直方图中的 2%和 98%为最小值/最大值。此功能原本只应用于线性拉伸，现在同样适用于平方根、高斯、均衡化和对数等拉伸方法。

3. 图像处理

（1）支持 ArcGIS® 10.4 和 10.5。

（2）ADS80 影像可与 ENVI 摄影测量扩展模块一起使用。

（3）Generate Point Clouds and DSM by Dense Image Matching 工具新增两个参数：
- Terrain Type：选择输入影像大部分为平坦或多山地形。
- Refine Point Clouds：若设置为"是"，输出点云将具有平滑的高度值，但不包含任何强度或颜色信息。

（4）掩膜更新。Apply Mask 工具从 ENVI 工具箱中移除，可用 File Selection 对话框中的 Mask 按钮选择待掩膜影像。Build Mask 工具重命名为 Build Raster Mask。

4. 二次开发

（1）ENVI API 编程指南新增了关于如何使用 ENVI API 创建"a task of tasks"的示例。

（2）ENVI 函数接口新增了 API_VERSION 属性。

（3）新增了对象、ENVITasks 和参数类。

第2章 ENVI窗口组成

本章主要内容:

- ENVI 主菜单下的基本操作
- ENVI 主菜单下的工具栏
- ENVI 主菜单下的图层管理窗口
- ENVI 主菜单下的基础工具

2.1 主菜单

2.1.1 文件

1. 系统设置

为提高 ENVI 的运算效率,需对软件进行系统设置。具体操作步骤如下:第一步,在"开始"菜单下选择 ENVI 5.4 → Tools → ENVI Classic 5.4,启动 ENVI Classic 主菜单,如图 2.1 所示。第二步,选择 ENVI Classic 主菜单下的 File → Preferences,在 Default Directories 选项卡下设置路径信息,如图 2.2 所示,设置完成后重启软件。

图 2.1 ENVI Classic 主菜单

ENVI Classic 是 ENVI 5.0 之前的图像显示窗口,主要由三部分组成:主图像显示窗口(Image)、滚动窗口(Scroll)和放大窗口(Zoom),如图 2.3 所示。

主图像显示窗口按图像实际分辨率显示图像的一部分,显示范围为滚动窗口中的红色方框(默认颜色)覆盖的区域。

滚动窗口中的图像以重采样的分辨率显示整个图像的内容。

放大窗口是一个很小的图像显示窗口,它以用户自定义的放大系数来显示图像的一部分,可以无级放大到像元大小。显示范围为 Image 窗口中的红色方框(默认颜色)覆盖的区域。

第三步,在"开始"菜单下选择 ENVI 5.4 → 64-bit → ENVI 5.4,启动 ENVI 5.4。选择主菜

单中的 File → Preferences，在 Preferences 窗口中可以浏览和更改 ENVI 软件系统的当前配置信息。可设置的参数包括应用设置（Application），数据管理设置（Data Manager），文件目录设置（Directories），显示设置（Display General），指北针设置（North Arrow），缩略图设置（Overview），绘图设置（Plots），金字塔设置（Pyramids），远程连接设置（Remote Connectivity），注记设置（Annotations）[包括文字（Text）、符号（Symbol）、指北针（Arrow）、多边形（Polygon）、线（Polyline）、图片（Picture）、图例（Legend）、色度条（Color Bar）、比例尺（Scale Bar）、网络线（Grid Lines）]，国家影像传输格式设置（NITF）和本地化设置（Localization）。

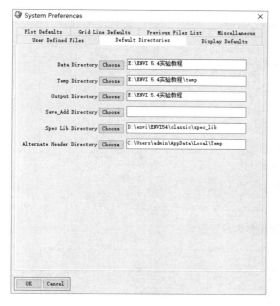 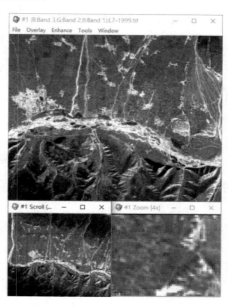

图 2.2　ENVI Classic 下的路径参数设置　　　　图 2.3　ENVI Classic 显示窗口

通常，需要设置下面几个常用的参数。

（1）数据管理设置

在 Preferences 窗口中选择 Data Manager，如图 2.4 所示。设置是否自动显示打开文件（Auto Display Files on Open）、多光谱数据显示模式（Auto Display Method for Multispectral Files）、打开新图像时是否清空视窗（Clear View when Loading New Image）、ENVI 启动时是否启动数据管理器（Launch Data Manager when ENVI Launches）等选项。

（2）文件目录设置

在 Preferences 窗口中选择 Directories，如图 2.5 所示。设置 ENVI 5.4 的默认数据输入/输出路径，如数据输入目录（Input Directory）、输出文件目录（Output Directory）、临时文件目录（Temporary Directory）、ENVI 补丁文件目录（Extensions Directory）。

（3）显示设置

在 Preferences 窗口中选择 Display General，如图 2.6 所示。可以设置默认缩放因子（Zoom

Factor）、默认选择颜色（Default Selection Color）和缩放插值方法（Zoom Interpolation Method）等属性。同样可以设置滚轮按下功能（Middle Mouse Action）、使用显卡加速功能（Use Graphics Card to Accelerate Enhancement Tools）和经纬度显示方法（Geographic Coordinate Format）等。

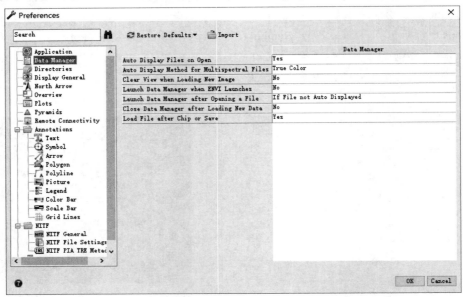

图 2.4　数据管理参数设置窗口

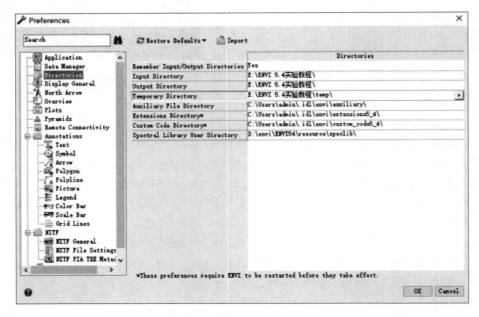

图 2.5　文件目录设置窗口

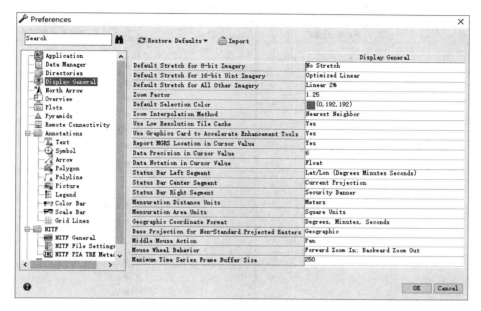

图 2.6 显示参数设置窗口

2．打开图像文件

选择主菜单中的 File → Open，打开 Open 对话框，或在工具栏中单击快捷按钮 📂，可以选择 ENVI 自动读取和识别的文件格式，如图 2.7 所示。

3．打开外部文件

选择 File → Open As，打开 Open As 对话框，可以选择 ENVI 标准格式的文件，这些格式包括精选的遥感格式、军事格式、数字高程模型格式、图像处理软件格式及通用图像格式，如表 2.1 所示。

图 2.7 ENVI 自动读取和识别的文件格式

表 2.1 ENVI 标准格式文件列表

卫　星	可打开的数据类型	卫　星	可打开的数据类型
Aribus	● SPOT ● GeoSPOT ● ACRES SPOT ● Vegetation ● DIMAP (.DIM) ● DIMAP (.XML) ● Tiled (.TIL)	GIS Formats	● ArcView Raster ● ECW ● ERDAS ● ER Mapper ● ESRI GRID ● Geopackage (Vector) ● PCI ● USGS

续表

卫　星	可打开的数据类型	卫　星	可打开的数据类型
ADS40/ ADS80		FORMOSAT-2	
ALOS	● PRISM ● Open PRISM with RPC Positioning ● AVNIR-2 ● PALSAR ● GeoTIFF with Metadata and RPCs	Landsat	● Fast ● GeoTIFF with Metadata ● HDF4 ● NLAPS ● MRLC ● ACRES CCRS ● ESA CEOS
ATSR		NPP VIIRS	
AVHRR	● KLMN/Level 1b ● SHARP ● Quorum	Planet	● PlanetScope ● RapidEye
Cartosat-1		Resourcesat-2	
CRESDA	● GF-1 ● GF-2 ● ZY-1-02C ● ZY-3	Military Formats	● CADRG ● CIB ● DPPDB ● ECRG ● NITF ● View NITF Metadata ● TFRD
DigitalGlobe	● GeoEye-1 PVL ● GeoEye-1 Tiled (.TIL) ● IKONOS ● OrbView-3 ● QuickBird ● WorldView-1 ● WorldView-2 ● WorldView-3	Radar Sensors	● ALOS-PALSAR ● COSMO-SkyMed ● Envisat ASAR ● ERS ● JERS ● RADARSAT ● SICD ● TOPSAR
DMC		SkySat	
DMSP (NOAA)		TripleSat	
DubaiSat	● DubaiSat-1 ● DubaiSat-2	UrtheCast	● DEIMOS-2 ● Theia
EO-1	● HDF4 ● GeoTIFF	TUBITAK UZAY	● Gokturk-2 ● RASAT
EOS	● ASTER ● MODIS	EROS	● Level 1A ● Level 1B (GeoTIFF)
Thermal Sensors	● TIMS ● MASTER ● ENVISAT- AATSR ● ASTER	Digital Elevation	● DTED ● USGS DEM ● USGS STDS DEM ● SRTM DEM

续表

卫　　星	可打开的数据类型	卫　　星	可打开的数据类型
European Space Agency	● Envisat AATSR ● Envisat ASAR ● Envisat MERIS ● Sentinel-2 ● Sentinel-3 OLCI ● Sentinel-3 SLSTR ● Proba-V	Generic Formats	● ASCII　　● MrSID ● Binary　　● PDS ● BMP　　　● PICT ● GIF　　　● PNG ● GRIB　　● SRF ● JPEG　　● TIFF/Geo TIFF ● JPEG2000 ● XWD
GOES-16		Himawari-8	
Scientific Formats	● HDF4 ● HDF5 ● NetCDF-3 ● NetCDF-4	SeaWiFS	● HDF4 ● CEOS
KOMPSAT	● KOMPSAT-2 ● KOMPSAT-3	IRS	● Fast ● Super Structured

4．数据管理

选择主菜单中的 File → Open，打开影像数据 L7-2000.dat，影像数据来源于 Landsat-7 陆地卫星。选择主菜单中的 File → Data Manager，或单击工具栏的快捷图标█，打开 Data Manager 对话框，如图 2.8 所示。

在 Data Manager 对话框中，单击图标█，可以打开 ENVI 自动读取和识别的数据文件，单击图标╋、━控制波段折叠和展开，单击图标✖关闭当前选择的波段，单击图标█关闭对话框中的所有波段，单击图标█锁定当前数据，单击图标█解锁当前数据，单击图标█在 ArcMap 中打开数据。

单击 File Information 前面的三角按钮，可以看到当前选中的波段信息，包括文件位置、行列号、波段排列顺序、数据类型、数据大小、传感器类型、投影类型和中心波长等。

单击 Band Selection 前面的三角按钮，可以选择任意三个波段组合，单击 Load Data 显示影像。右键单击图层名可以显示真彩色影像、假彩色影像、灰阶影像并查看元数据等，如图 2.9 所示。

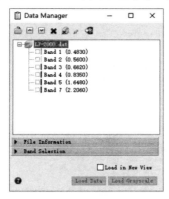

图 2.8　Data Manager 对话框

图 2.9　右键单击图层名后的菜单项

5. 新建矢量图层和注记

打开影像数据 L7-2000.dat，在主菜单中选择 File → New → Vector Layer，弹出 Create New Vector Layer 对话框，输入矢量层名 Men Yuan，分别选择数据类型 Polygon 和源数据 L7-2000.dat，也可单击对话框左下角的 Open File 按钮，打开其他数据作为源数据，如图 2.10 所示，单击 OK 按钮进入矢量数据的编辑状态。在屏幕上移动鼠标的同时，用鼠标左键定位节点绘制矢量图层，双击鼠标左键完成多边形的绘制。

在 Layer Manager 中双击矢量层 Men Yuan，弹出 Vector Properties 对话框，可修改图层颜色、线型及是否显示在当前窗口，如图 2.11 所示。

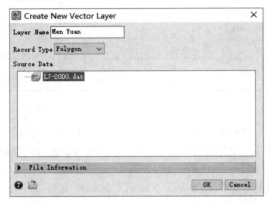
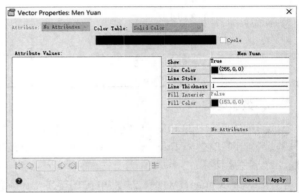

图 2.10　创建矢量图层对话框　　　　　　　　图 2.11　矢量图层属性对话框

选择 File → New → Annotation Layer，弹出 Create New Annotation Layer 对话框（见图 2.12），选择源数据 L7-2000.dat；若有需要，也可单击 Open File 按钮，打开其他数据作为源数据，然后单击 OK 按钮，再后在屏幕上单击鼠标，出现闪烁的黑色竖线时，输入注记符号。

展开 Men Yuan 注记层，双击左侧 Layer Manager 中的 Text 注记层，弹出 Edit Properties 对话框，可以修改注记层是否显示在当前窗口中，是否随视图旋转、字体、字号、填充颜色、线宽及水平排列方式等，如图 2.13 所示。

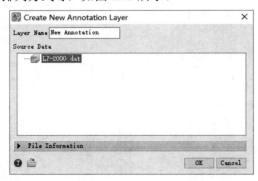
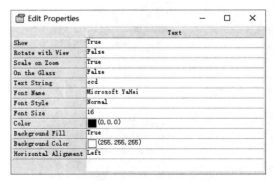

图 2.12　创建注记对话框　　　　　　　　　图 2.13　注记属性对话框

6. 保存数据

打开影像数据 L7-2000.dat，在主菜单中选择 File → Save As，可以保存为多种格式，如图 2.14 所示。选择合适的保存格式和路径，完成已选择影像的保存，默认保存大小为原始影像大小。可保存为影像的数据格式有 ENVI 标准格式、NITF 和 TIFF。

只需选择影像中的部分区域时，可选择 Spatial Subset → Use View Extent，输入起始行列号、结束行列号，或用鼠标拖动红色矩形框选择感兴趣区保存影像；要保存整个范围的影像时，可选择 Use Full Extent；要使用某行政区域内的影像数据时，可选中 Subset By File 来选择某行政区域的矢量边界裁剪影像。

图 2.14　保存数据格式菜单

2.1.2　调整图层顺序

单击主菜单中的 Edit → Order Layer，可以调整图层的顺序。当前选中的数据位于底层时，选择 Bring to Front 可将数据置于顶层，或者选择 Bring to Forward 将数据上移一层；如果当前选中的数据位于顶层，那么可以选择 Send to Back 将数据置于底层，或者选择 Send to Backward 将数据下移一层。也可在 Layer Manager 中右键单击数据，在 Order 子菜单下调整图层顺序。

简易操作为：用鼠标左键选中要挪动的图层，然后移动鼠标，将其拖动到指定位置。

2.1.3　显示

1. 浏览波谱库

单击工具栏图标 📖 可以直接打开波谱库文件，或选择主菜单 Display → Spectral Library Viewer，打开 Spectral Library Viewer 对话框，如图 2.15 所示。

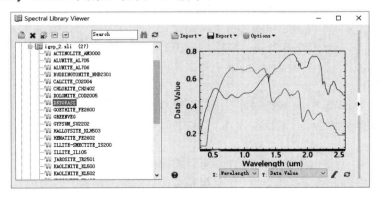

图 2.15　浏览波谱库对话框

在 Spectral Library Viewer 对话框中会自动列出 ENVI 5.4 自带的波谱库文件。单击左边列表中的任意波谱库文件，可以在窗口中显示波谱曲线。

单击 Import 下拉菜单，选择 Spectral Library，可以导入波谱库文件。

单击 Export 下拉菜单，选择 Spectral Library，可以保存波谱库文件。

单击 Export 下拉菜单，选择 Print，可以打印波谱曲线图。

单击图标 ，可以使波谱不重叠出现。

单击图标 ，可以将将绘图范围重置为原始视图。

单击绘图窗口右边的三角按钮，在右边的窗口中会显示绘图的属性。单击图标 ✕ 可以移除已选择的波谱文件，单击图标 可以移除全部波谱文件，单击图标 可以编辑数据值。

2．绘制地物波谱剖面图

利用头文件信息按比例绘制波谱曲线。需要说明的是，图像窗口中显示多光谱数据的多个波段时，绘图窗口中会自动绘制出每个波段的波谱曲线。如果只需绘制出单个波段的波谱曲线，可在层管理器中波段前的方框中取消勾选。选择 Display → Profile → Spectral，弹出 Spectral Profile 对话框，可以绘制多光谱影像中包含的所有波段中的已选像素的波谱曲线。在 Spectral Profile 对话框中，X 轴（中心波长）由绘制的第一条波谱曲线决定，右键单击绘制的波谱曲线并选择 Auto Scale Y-Axis，可自动按比例绘制 Y 轴。

单击工具栏中的 图标，然后在图像窗口中的不同位置单击，可绘制不同形状的波谱曲线。随着鼠标单击位置的改变，波谱曲线的形状也随之改变。在按下 Shift 键的同时，用鼠标单击图像的不同位置可以叠加波谱曲线。

3．绘制二维散点图

二维散点图在笛卡儿坐标系中展示影像中两个波段的像素值，其中一个波段代表 X 坐标，另一个波段代表 Y 坐标。如果两个波段中包含不相关的数据，那么任意一个波段都可以绘制在另一个轴上。散点图说明了两个波段的相关度。

首先打开影像数据 L7-2000.dat，再在主菜单中选择 Display → 2D Scatter Plot，弹出 Scatter Plot Tool 对话框（见图 2.16），选择 File → Select New Band，从 X-Axis 和 Y-Axis 中选择绘图所用的波段。本实验选择 Band 4 为 X 波段，选择 Band 7 为 Y 波段。

单击 Toggle Density Slice 按钮，可用不同颜色显示点密度，密度颜色梯度从紫色（代表低密度点）到红色（代表高密度点）。

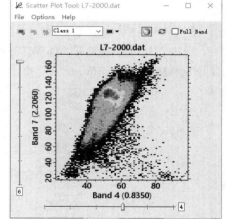

图 2.16　二维散点图绘制窗口

用鼠标指针在散点图中绘制一个多边形，可以将图像中像元值相等的像元变红。用鼠标拖动 X、Y 坐标轴旁边的滑块，可改变方框的大小。

4．新建绘图窗口

为了对比采集到的不同物体的波谱曲线，可选择 Display → New Plot Window，打开 ENVI Plot 窗口，将波谱曲线拖入窗口中以浏览波谱曲线，按同样的方式打开另一物体的波谱曲线，即可进行对比。

5．自定义拉伸

打开影像数据 L7-2000.dat，单击 No stretch 下拉菜单，选择 Linear 5%（5%线性拉伸）。可以观察拉伸前后直方图的变化，也可以从拉伸前后的影像查看效果，如图 2.17(a)和(b)所示。在 ENVI 5.4 中拉伸类型还包括 Optimized Linear（最优线性拉伸）、Equalization（直方图均衡拉伸）、Gaussian（高斯拉伸）、Square Root（平方根拉伸）、Logarithmic（对数拉伸）和 Bipolar Stretch（双极拉伸）。

 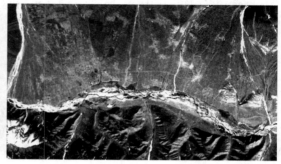

(a) 拉伸前的影像　　　　　　　　　　　　　(b) 5%线性拉伸后的影像

图 2.17　拉伸前后影像效果对比

单击 Histogram Stretch 按钮，打开直方图拉伸对话框，对于特殊的图像，可以使用手动调整直方图的方式进行拉伸，这种方式可以更好地控制 RGB 显示波段的直方图拉伸范围

在工具栏上单击 Stretch on View Extent with auto update 按钮，会自动对当前视图进行拉伸显示。

6．光标查询

选择 Display → Cursor Value，或者单击工具栏上的 图标，弹出 Cursor Value 对话框。在 Cursor Value 对话框中会显示图像文件名和相关信息，如图 2.18 所示。

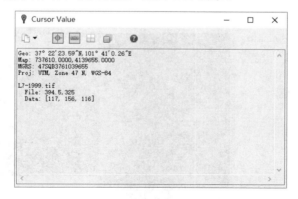

图 2.18　光标位置的相关信息

若打开的是不带地理参照的图像，则鼠标所在位置的信息包括 X 和 Y 像素值，并显示波段的数据值和图像获取时间。

若打开的是带地理参照的图像，则鼠标所在位置的信息包括：经纬度，地图上的 X、Y 值，军事格网参考坐标，投影类型，基准面，有理函数多项式系数，X、Y 像素值，波段值和数据获取时间。

若打开的是矢量数据或要素类图层，则鼠标所在位置的信息包括矢量数据名和记录号。

若打开的矢量数据或要素类图层名带有属性表，则还会显示属性表中的记录。

注意：执行工具栏中的 Blend、Flicker 和 Swipe 操作时，在窗口中移动鼠标时，值不会改变。当鼠标指针移动到当前图像之外时，Cursor Value 对话框中的坐标值是鼠标指针刚要移到图像之外前一时刻位于图像窗口边缘的值。

2.1.4　视图

1．创建新视图

选择 Views → Create New View，创建新视图。需要添加更多的新视图时，重复同样的步骤即可。选择 Views → Two Vertical Views，将两视图布局设置为左右排列；选择 Views → Two Horizontal Views，将两视图布局设置为上下排列；选择 Views → 2×2 Views，将视图布局设置为两行两列排列；选择 Views → 3×3 Views，将视图布局设置为三行三列排列；选择 Views → 4×4 Views，将视图布局设置为四行四列排列。

要移除视图，可选择 Views → One View，或在 Layer Manager 中右键单击要移除的视图，然后选择 View → Remove View。

2．多视图窗口地理连接

多视图窗口地理连接可以实现漫游和飞行状态下同一时刻鼠标指向连接视图图像上的同一位置。要在不同的视图中显示数据，可单击 Views → Link Views，弹出 Link Views 对话框，然后在对话框中显示每个视图的缩略图，如图 2.19 所示。选择 Geo Link 表示通过地理位置连接，这种连接要求数据必须有投影；选择 Pixel Link 表示通过像素连接。

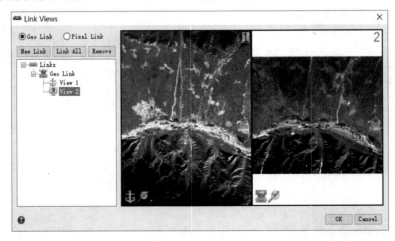

图 2.19　地理连接视图对话框

单击 New Link 按钮，在右侧窗口中单击想要连接的视图即可建立视图之间的连接。单击 Link All 按钮可以建立所有视图的连接。选中想要移除的连接，单击 Remove 按钮。

2.1.5　帮助

选择 Help → Contents，可以按照 Contents、Index、Search、Favorites 查询帮助文档。

2.2　工具栏

工具栏中的快捷图标大部分和菜单中的重复，其中的图标包括图像缩放、漫游、亮度、对比度、锐化和透明度等，本书只简单介绍部分快捷图标。

单击 图标，可以实现对拉伸图像的保存。

单击 图标，可以量测图像上不同位置之间的距离。

单击 图标，可实现对图像 0°、90°、180°、−90°的旋转。

单击 图标，可实现对图像特征的计算。

单击 图标，可实现二维散点图的绘制。

2.3　图层管理

单击 Layer Manager 上方的 图标，或单击 View 和文件名前的"−""+"图标，可实现对图层的折叠和展开操作。

在左侧的图层管理对话框中，选中 Overview 左侧的复选框，会在图像左上角出现图像的缩略图，可调节红色矩形框的大小，移动矩形框对图像进行查看。

右键单击文件名或空白处，选择 Change RGB Bands 可实现不同波段组合的显示；选择 New Raster Color Slices，可实现对影像数据范围在影像上的高亮显示；选择 View Metadata 可查看元数据。

2.4　基础工具

2.4.1　图层叠加

图层叠加工具可将具有多个波段的数据叠加为一个新的具有不同像素大小、范围和投影的数据，将输入的波段重采样和重新投影，可为普通用户选择输出像素大小和投影。输出文件范围为所有输入波段的范围，或者为输入波段重叠区域的范围。

（1）首先，在 ENVI 5.4 中加载 band1.tif~band7.tif 七个波段；其次，在工具箱中，选择 Raster Management → Layer Stacking，弹出 Layer Stacking Parameters 对话框（见图 2.20）；并在 Output File Range 下选择 Inclusive: range encompasses all the files，表示所有输入波段的

范围。对话框右边会自动添加投影、投影代号、分辨率，在 Resampling 的下拉列表中选择重采样方法 Nearest Neighbor。

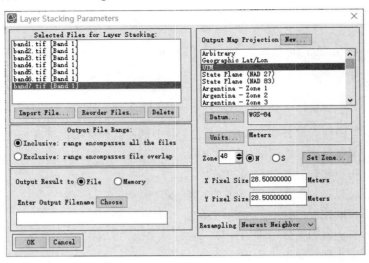

图 2.20　图层叠加参数设置对话框

（2）单击 Import File 按钮，弹出 Layer Stacking Input File 对话框（见图 2.21），选择输入的波段。要想选择列表中的所有波段文件，可按 Shift 键选择全部波段，然后单击 OK 按钮。

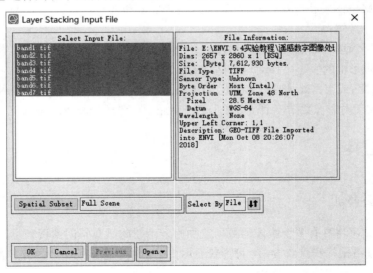

图 2.21　图层叠加波段输入对话框

（3）确定文件名称及输出位置后，单击 OK 按钮，完成图层叠加操作。选择图层叠加的 4、3、2 波段进行标准假彩色合成并以 2%线性拉伸后显示，结果如图 2.22 所示。

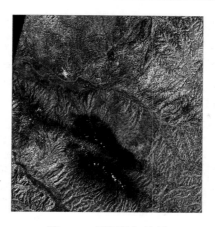

图 2.22　图层叠加结果

2.4.2　图像大小调整

（1）首先在 ENVI 5.4 中打开"图层叠加"数据，然后在工具箱中选择 Raster Management → Resize Data，弹出 Resize Data Input File 对话框（见图 2.23）；在 Select Input File 区域选中图层叠加数据。

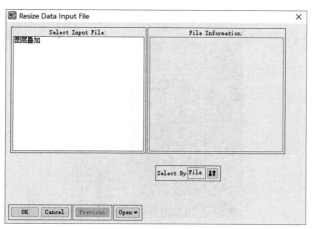

图 2.23　输入裁剪数据对话框

（2）单击 Spatial Subset，弹出 Select Spatial Subset 对话框（见图 2.24），这里可以：① 单击 Image 后拖动红色矩形框在图像上选定裁剪范围；② 单击 Map 通过输入裁剪图像左上角和右下角的经纬度来选定裁剪范围；③ 单击 File 选择另一图像范围作为裁剪图像的范围；④ 单击 ROI/EVF 文件确定裁剪图像的范围。图 2.24 中通过输入起始和终止行列号选择裁剪范围。单击 OK 按钮返回 Resize Data Input File 对话框。单击 Spectral Subset，可以选择其中一个或多个波段输出。

（3）单击 OK 按钮，弹出 Resize Data Parameters 对话框（见图 2.25），在 Samples 和 Lines 后面对应的 xfac 和 yfac 文本框中输入数值，或者输入 X、Y 扩大或缩小的倍数；地图包含地图信息时，可以根据要输出的像素值大小输入，单击 Set Output Dims by Pixel Size 可以设置像素值的大小。单击 Resampling 后面的下拉列表可以选择重采样方法。单击 Choose 可键入输出文件名及路径。

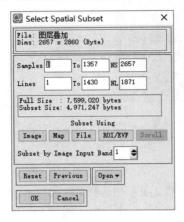
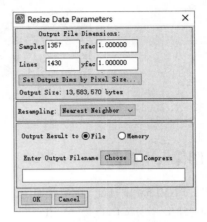

图 2.24　裁剪空间数据集对话框　　　　图 2.25　裁剪数据参数对话框

将裁剪区结果的 4、3、2 波段进行标准假彩色合成并以 2%线性拉伸后显示，结果如图 2.26 所示。

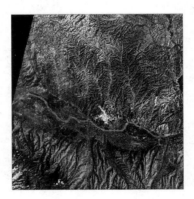

图 2.26　图像裁剪结果

2.4.3　感兴趣区定义

首先在 ENVI 5.4 中打开 L7-2000.dat，选择 3、2、1 波段进行真彩色合成，并对影像进行 2%的线性拉伸显示，结果如图 2.27 所示。

在工具栏上单击 图标，弹出 Region of Interest (ROI) Tool 对话框（见图 2.28），在对话框中单击 图标新建 ROI，设置以下参数：

ROI Name：居民区。

ROI Color： ▨ (240, 155, 0) 。

默认 ROI 绘制类型为 Polygon（多边形），还可以绘制 Rectangle（矩形）、Ellipse（椭圆）、Polyline（线）和 Point（点）。

图 2.27　真彩色显示影像数据

图 2.28　感兴趣区工具对话框

在影像上辨别居民区区域并单击鼠标开始绘制样本，双击鼠标左键或单击鼠标右键，选择 Complete and Accept Polygon，完成样本的绘制。用同样的方法，绘制多个样本，绘制的样本可以保存为以后分类的训练样本，如图 2.29 所示。

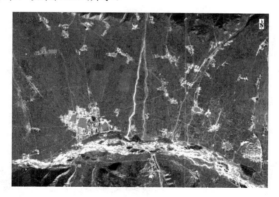

图 2.29　居民区样本分布

注意：

（1）要对某个样本进行编辑，可将鼠标移到样本上单击右键，选择 Edit Record 时修改样本，单击 Delete Record 时删除样本。

（2）一个样本 ROI 中可包含 n 个多边形或其他形状的记录。

（3）若不小心关闭了 Region of Interest (ROI) Tool 对话框，可在 Layer Manager 上的某类样本（感兴趣区）上双击鼠标。

（4）选择样本时也可在 Pixel 下面以 1～5 个像素长的正方形绘制。

2.4.4 掩膜

掩膜是一幅由 0 和 1 组成的二进制图像，当掩膜用在 ENVI 的处理操作中时，1 值区域被处理，0 值区域在计算中被忽略。掩膜常用于统计、分类、线性波谱分离、匹配滤波和波谱特征拟合等操作中。

创建掩膜文件的步骤如下：

（1）先在 ENVI 5.4 中打开 L7-2000.dat 和 2.4.3 节中保存的居民区 ROI，后在工具箱中选择 Raster Management → Build Raster Mask，弹出 Build Mask Input File 对话框（见图 2.30），选择 L7-2000.dat 文件，单击 OK 按钮。

（2）弹出 Mask Definition 对话框，选择 Options → Import ROIs，弹出 Mask Definition Input ROIs 对话框（见图 2.31），单击 Select All Items，单击 OK 按钮，返回 Mask Definition 对话框。

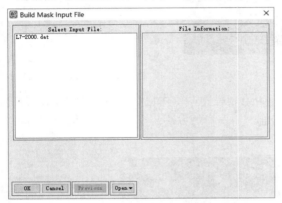

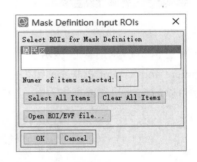

图 2.30　Build Mask Input File 对话框　　　　图 2.31　Mask Definition Input ROIs 对话框

（3）选择输出文件路径和文件名，如图 2.32 所示。单击 OK 按钮，居民区掩膜计算结果如图 2.33 所示。

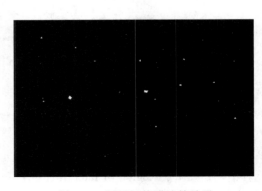

图 2.32　Mask Definition 对话框　　　　图 2.33　居民区掩膜计算结果

2.4.5　直方图匹配

启动 ENVI Classic，首先打开并显示两幅影像 L7-1999.tif 和 L7-2000.tif。直方图匹配的目的是使两幅影像的亮度分布接近一致。

步骤如下：

（1）在主图像窗口的菜单栏下选择 Enhance → Histogram Matching，弹出 Histogram Matching Input Parameters 窗口。

（2）在 Match To 列表中，选择要匹配直方图的图像窗口序号。

（3）在 Input Histogram 下方选择合适的按钮，以选择输入直方图的窗口图像。

（4）单击 OK 按钮，显示的拉伸变化将匹配到要选择的窗口图像中，如图 2.34 所示。

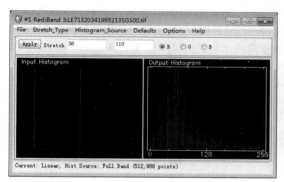

图 2.34　直方图匹配前（左图）后（右图）对比效果

注意：为明显地显示直方图匹配的效果，首先要在主图像窗口的菜单栏中选择 Enhance → Interactive Stretching，然后在匹配结果对话框中显示直方图，输入直方图用红色表示，输出直方图用白色表示。

2.4.6　波段运算

波段运算是 ENVI 提供的灵活而功能强大的图像处理工具。可以使用波段运算对话框定义输入的波段或文件，调用波段运算函数，将结果写入文件或内存。波段运算函数通过访问空间数据对应的变量或文件，能将很大的空间数据完全读入内存并自动处理空间分区。

下面说明波段运算的处理过程：输入三个波段，表达式中的每个波段对应输入图像的一个波段，相加后输出结果图像。也可将一个或多个表达式变量对应数据，而不是让每个变量仅对应一个波段。输出结果是一幅新图像。例如，在表达式"b1 + b2 + b3"中，如果 b1、b2 和 b3 分别对应一个波段，那么结果图像为 b1 波段、b2 波段、b3 波段的和。

波段运算的基本要求如下：

① 波段运算表达式必须是 IDL 语句：定义处理算法或波段运算表达式符合 IDL 语句的语法。简单的波段运算表达式不需要 IDL 的先验知识，若要执行复杂的运算，则要在波段运算中

涉及 IDL 知识。

② 输入的所有波段必须具有相同的维数：表达式应用在简单的逐像素基础之上，因此输入波段的行列数必须相同。

③ 表达式中的所有变量必须被命名为 Bn（或 bn）：代表输入波段的表达式中的变量必须以字母"b"或"B"开头，后接不多于 5 个字符。

④ 输出波段必须和输入波段具有相同的维数。

具体操作步骤如下：

（1）打开影像 L7-2000.dat，在工具箱中，选择 Band Algebra → Band Math，弹出 Band Math 对话框，在 Enter an expression 下方输入数学表达式"(float(b1)-float(b2))/ (float(b1)+float(b2))"；单击 Add to List 按钮，表达式出现在 Previous Band Math Expressions 中，如图 2.35 所示。

（2）输入表达式后，单击 OK 按钮，弹出 Variables to Bands Pairings 对话框，在 Variables Used in expression 列表框中分别选择变量 B1–[undefined]对应 Available Bands List 的波段，如图 2.36 所示；若一个变量要对应具有多个波段的文件，则可单击 Map Variable to Input File 进行选择。

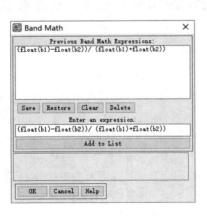

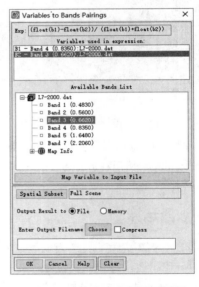

图 2.35　波段运算表达式　　　　图 2.36　波段对应变量对话框

（3）选择输出的文件名和输出结果的路径，单击 OK 按钮。

Band Math 对话框包括如下功能。

Previous Band Math Expressions：该列表中显示了之前使用的数学表达式。若要使用某一表达式，则先要选择列表中的表达式，表达式出现在 Enter an expression 下的文本框中，单击 OK 按钮。

Save：单击 Save 按钮将数学表达式保存为文件。弹出 Save Expression to a File 对话框，输入文件名.exp，单击 OK 按钮，将表达式保存到文件，无须首先通过波段函数运行。

Restore：还原已保存的数学表达式。弹出 Enter Expressions Filename 对话框，选择文件名并单击 OK 按钮。

Clear：单击 Clear 按钮，从 Previous Band Math Expressions 列表框中清除表达式。

Delete：单击 Delete 按钮，从 Previous Band Math Expressions 列表框中删除选中的表达式。

Add to List：单击 Add to List 按钮，将 Enter an expression 下方文本框中的表达式显示在 Previous Band Math Expressions 下方的列表框中。

注意：表达式中使用 float( )是为了防止计算中出现字节溢出错误。

波段运算结果经 2%线性拉伸后，如图 2.37 所示。

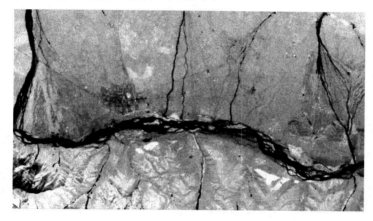

图 2.37　波段运算结果

第 3 章　图像预处理

本章主要内容:

- 自定义坐标系
- 图像校正
- 图像融合
- 图像镶嵌
- 图像裁剪
- 图像合成
- 矢量数据处理

　　由于遥感系统空间、波谱、时间及辐射分辨率的限制，很难精确地记录复杂地表的信息，因而会在数据获取的过程中产生误差[11]。这些误差会降低遥感数据的质量，从而影响图像分析的精度。因此，在图像应用之前，需要进行遥感原始影像的预处理。遥感数据图像的预处理就是针对具体研究内容需要，利用遥感专业图像处理系统中的实用工具模块，对所研究区域内的遥感图像实施的必要的前期数据处理技术[12]。

　　ENVI 支持辐射定标、大气校正、几何校正、图像融合、图像镶嵌及图像裁剪等预处理功能，本章安排了 7 节介绍具体的操作和应用。

3.1　自定义坐标系

　　常用的地图坐标系有两种，即地理坐标系（Geographic Coordinate System）和投影坐标系（Projected Coordinate System）。地理坐标系是以经纬度为单位的地球坐标系，是一种球面坐标系；投影坐标系使用基于 X, Y 值的坐标系来描述地球上某点的位置，它是从地球的近似椭球体投影得到的，对应于某个地理坐标系。

　　目前，我国普遍采用的是高斯－克吕格投影，简称高斯投影，它是横轴等角切椭圆柱投影。该投影通常按经差 6° 或 3° 分为六度带或三度带。六度带自 0° 子午线起每隔经差 6° 自西向东分带，带号依次编为 1, 2,…, 60。三度带是在六度带的基础上划分的，它的中央子午线与六度带的中央子午线和分带子午线重合，即自 1.5° 子午线起每隔经差 3° 自西向东分带，带号依次编为 1, 2,…, 120。

我国规定，比例尺为 1∶1 万、1∶2.5 万、1∶5 万、1∶10 万、1∶25 万、1∶50 万的地形图，均采用高斯－克吕格投影。比例尺为 1∶1 万和 1∶2.5 万的地形图采用经差 3°分带，比例尺为 1∶2.5 万～1∶50 万的地形图采用经差 6°分带。

3.1.1　地图投影的基本参数

对于地理坐标系，需要确定椭球体和大地基准面两个参数；而对于投影坐标系，投影类型为高斯－克吕格，需要确定的参数有椭球体、大地基准面和中央经线。

我国使用的坐标系（大地基准面）分别是 1954 北京坐标系、1980 西安坐标系和 CGCS2000 坐标系，其中 CGCS2000 是我国当前最新的国家大地坐标系，常用的椭球体为 WGS84、Krasovsky、IAG-75 和 CGCS2000（CRS80）。

我国地图常用的一些参数见表 3.1 和表 3.2。

表 3.1　北京 54、西安 80 和 CGCS2000 坐标系采用的主要参数

坐　标　名	投　影　类　型	椭　球　体	基　准　面
北京 54	Gauss-Kruger	Krasovsky	D_Beijing_1954
西安 80	Gauss-Kruger	IAG-75	D_Xian_1980
CGCS2000	Gauss-Kruger	CGCS2000	D_China_2000

表 3.2　我国常用的椭球体

椭球体名称	时　　间	长半轴/m	短半轴/m	扁　率
WGS84	1984	6378137.0	6356752.3	1:298.257
Krasovsky	1940	6378245.0	6356863.0	1:298.3
IAG-75	1975	6378140.0	6356755.0	1:298.257
CGCS2000(CRS80)	2008	6378137.0	6356752.3	1:298.257

3.1.2　ENVI 中的自定义坐标系

ENVI 5.4 中的坐标定义文件存放在“…\ENVI54\classic\map_proj”（如 C:\Program Files\Exelis\ENVI51\classic\map_proj）文件夹下，三个文件记录了坐标信息：

- ellipse.txt　　　椭球体参数文件
- datum.txt　　　基准面参数文件
- map_proj.txt　　坐标系参数文件

它们可以用文本编辑器修改并保存。在 ENVI 中，自定义坐标系分为定义椭球体、基准面和定义坐标参数（本实验自定义的坐标系为 1954 西安坐标系和 3°分带）。

1.　添加椭球体

椭球体的语法描述为

<椭球体名称>，<长半轴>，<短半轴>

使用记事本打开 ellispe.txt 文件，在文件末端增加“Krasovsky, 6378245.0, 6356863.0”。

2．添加基准面

基准面的语法描述为

<基准面名称>，<椭球体名称>，<平移三参数>

使用记事本打开 datum.txt 文件，在文件末端增加"D_BEIJING_1954, Krasovsky, -12, -113, -41"。

3．定义坐标

描述一个栅格文件的地理位置信息由两部分组成：坐标信息（Map）和投影信息（Projection）。坐标信息由起始点像素坐标及对应的地理（投影）坐标和像素大小组成；投影信息就是坐标系信息。一般情况下，若坐标信息丢失，则这个文件将会失去坐标；若投影信息丢失，则可以重新设定。

下面介绍如何为图像设定投影坐标。具体操作步骤如下：

（1）运行 ENVI 5.4，打开数据文件 QuickBird.dat。

（2）在工具箱中，选择 Raster Management → Edit ENVI Header 工具，在 Edit Header Input File 对话框中选择输入文件（见图 3.1）。

（3）在 Edit ENVI Header 对话框中，单击 Spatial Reference 旁边的 ... 按钮，打开 Select Coordinate System 对话框。

（4）单击 按钮，打开 Edit Coordinate System 对话框，创建新的坐标系。

（5）单击 Select 按钮，选择 Geographic Coordinate Systems → Asia → Beijing 1954，单击 OK 按钮返回 Edit Coordinate System 对话框。

（6）在 Projected Coordinate System 中输入如下参数（见图 3.2）。

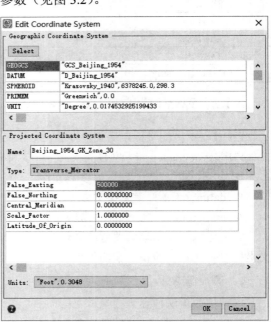

图 3.1　选择输入文件　　　　　　　　　　图 3.2　自定义坐标系

- 投影坐标系名称（Name）：Beijing_1954_GK_Zone_30
- 投影类型（Type）：Transverse_Mercator
- 东偏距离（False_Easting）：500000
- 北偏距离（False_Northing）：0
- 中央子午线（Central_Meridian）：0
- 中央经纬线长度比（Scale_Factor）：1
- 中央纬（Latitude_Of_Origin）：0
- 单位（Units）："Foot"，0.3048

单击 OK 按钮，回到 Select Coordinate System 对话框。单击 ☆ 按钮可将自定义的坐标系加入收藏夹，以便后续使用。

（7）选择刚定义的坐标系 Beijing_1954_GK_Zone_30，如图 3.3 所示，单击 OK 按钮返回 Edit ENVI Header 对话框，单击 OK 按钮执行操作。

（8）重新打开 QuickBird.dat。在 Data Manager 对话框中，单击 File Information，可以看到坐标系信息（见图 3.4）；或者在 Layer Manager 中右键单击 QuickBird.dat 选择 View Metadata，在打开的 Metadata Viewer 对话框中选择左侧的 Coordinate System（见图 3.5）。

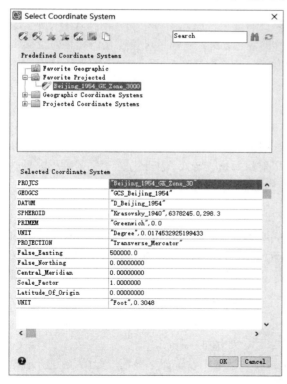

图 3.3　添加自定义坐标系的 Selection Projection 窗口

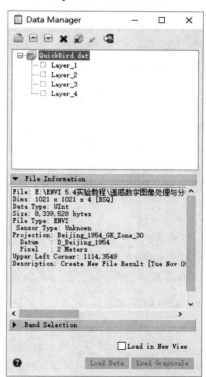

图 3.4　Data Manger 对话框

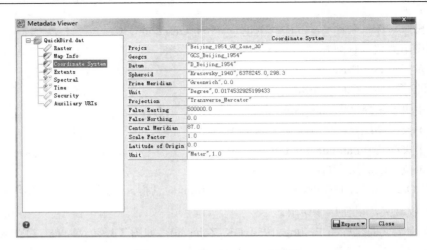

图 3.5　Metadata Viewer 对话框

3.2　图像校正

图像校正处理又称图像纠正和重建，其主要目的是纠正原始图像中的几何与辐射变形，即通过对图像获取过程中产生的变形、扭曲及辐射值等的纠正，得到一幅尽可能在几何和辐射上真实的图像。图像校正包括辐射定标、大气校正和几何校正。

3.2.1　辐射定标

辐射校正（Radiometric Correction）是指对由外界因素、数据获取及传输系统等产生的系统的、随机的辐射失真或畸变进行校正，以消除或纠正因辐射误差而引起影像畸变的过程。辐射定标的目的是为大气校正做准备，定标符合单位要求的辐射量数据、转换数据顺序等。辐射定标之前，首先要进行数据读取。在 ENVI 中，可以自动进行数据全景显示拉伸。

1．数据读取

打开 ENVI 5.4，选择 File → Open As → Optical Sensors → Landsat → GeoTIFF with Metadata（见图 3.6）或直接选择 File → Open，选中 LE71300411999327EDC00_MTL.txt 文件（见图 3.7），数据将通过真彩色显示（见图 3.8）。在波段列表中，自动按照波长分成两组：热红外、可见光红外。

2．辐射定标

（1）在工具箱中，选择 Radiometric Correction → Radiometric Calibration，在 File Selection 对话框中，选择可见光—红外组（6 个波段），如图 3.9 所示。

（2）单击 OK 按钮，在 Radiometric Calibration 对话框中设置如下参数，如图 3.10 所示。

- 校正类型（Calibration Type）：Radiance
- 输出方式（Output interleave）：BSQ

- 输出数据类型（Output Data Type）：Float
- 长度比（Scale Factor）：0.10

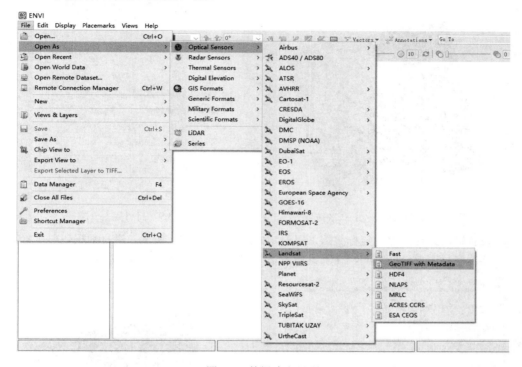

图 3.6　数据读取界面

图 3.7　选择 MTL 文件对话框

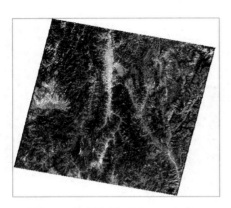

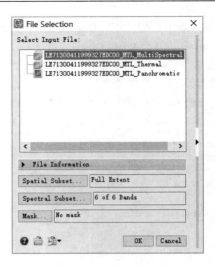

图 3.8　数据全景显示（2%拉伸）　　　　图 3.9　打开定标工具

（3）设置输出路径，保存定标数据，辐射定标结果如图 3.11 所示。进行数据辐射定标时，传感器定标需要一些时间，在工具箱右下角的状态栏可以看到定标进度。

图 3.10　TM 数据辐射定标　　　　　　图 3.11　辐射定标结果

3．转换数据存数类型

由于定标好的影像（辐射定标.dat）的数据排列格式为 BSQ，而大气校正默认的数据排列格式为 BIL 或 BIP，因此要转换数据存储格式。

（1）在工具箱中，选择 Raster Management → Convert Interleave，双击打开 Convert File Input File 对话框，选择输入文件（见图 3.12）。

（2）单击 OK 按钮，在 Convert File Parameters 对话框中，设置参数（见图 3.13），单击 OK 按钮，选择"Yes"；再单击 OK 按钮，开始进行数据格式转换。

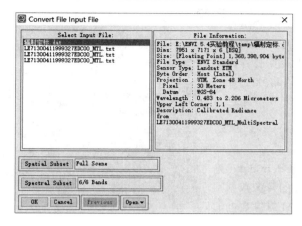

图 3.12　输入转换数据文件

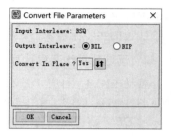

图 3.13　转换参数设置

（3）在 Data Manager 对话框中，打开辐射定标.dat 数据的 File Information，可以看到转换后的数据存储信息（Dims）；或者在 Layer Manager 中的辐射定标.dat 数据上右键单击，选择 View Metadata（或直接双击辐射定标.dat 数据），在打开的 Viewer Metadata 对话框中选择 Raster，转换后的数据信息如图 3.14 所示。

图 3.14　Viewer Metadata 对话框

3.2.2　大气校正

大气校正的目的是消除大气和光照等因素对地物反射的影响，广义上是为了得到地物反射率、辐射率或地表温度等真实物理模型参数，狭义上是为了获取地物真实反射率数据。总之，大气校正是反演地物真实反射率的过程。

ENVI 中提供了多种大气校正模块，本节以 FLAASH 大气校正模块为例进行介绍。FLAASH 大气校正具有支持传感器种类多、精度高、不依赖同步实测数据、操作简单等诸多优点。本节实验以 1999 年 11 月 23 日的 Landsat 7 影像为例进行大气校正操作。

大气校正的实验流程如下。

1. 研究区域的平均高程计算

（1）启动 ENVI，打开 DEM 数据图像 dem.dat（见图 3.15）及 3.2.1 节中辐射定标后的影像数据，此 DEM 数据图像与辐射定标的 TM 影像数据的范围是一致的。

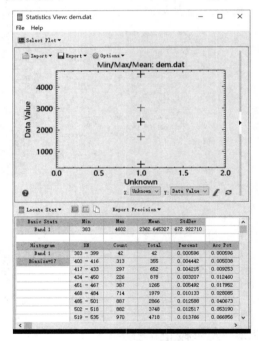

图 3.15　DEM 数据图像

（2）在工具箱中选择 Statistics → Compute Statistics，在 Compute Statistics Input Files 对话框中选择 dem.dat，单击 OK 按钮。

（3）在 Compute Statistics Parameters 对话框中，选中直方图（Histograms）复选框（见图 3.16）。

（4）单击 OK 按钮，得到该研究区域的平均高程值为 2362.645327，如图 3.17 所示。

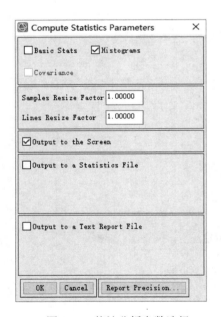

图 3.16　统计分析参数选择　　　　图 3.17　统计分析结果查看

2. FLAASH 大气校正

（1）在工具箱中，选择 Radiometric Correction → Atmospheric Correction Module → FLAASH

Atmospheric Correction，双击打开 FLAASH Atmospheric Correction Model Input Parameters 对话框（见图 3.18）。

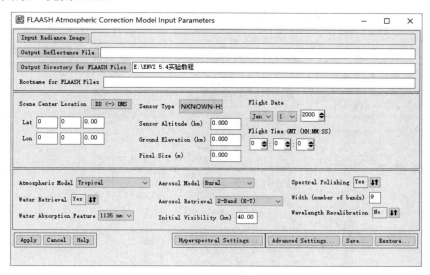

图 3.18　大气校正模型参数设置对话框（输出路径自行设定）

（2）单击 Input Radiance Image 按钮，在 FLAASH Input File 窗口中选择 fushedingbiao.dat，单击 OK 按钮。在弹出的 Radiance Scale Factors 对话框中，选择 Use single scale factor for all bands，并将 Single scale factor 设为 1，如图 3.19 所示。

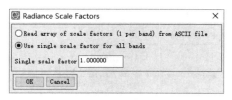

图 3.19　参数设置

（3）单击 OK 按钮，回到 FLAASH Atmospheric Correction Model Input Parameters 对话框，打开 MTL.txt 文件，查看成像时间等参数，设置 FLAASH 参数如下（见图 3.20）：

- 传感器类型（Sensor Type）：Landsat TM7。
- 经度（Lat）：27 26 17.90。
- 纬度（Lon）：102 15 42.65。
- 卫星高度（Sensor Altitude）：705.000。
- 影像的平均高程（Ground Elevation）：2.363。
- 空间分辨率（Pixel Size）：30。
- 拍摄日期（Flight Date）：1999-11-23。

- 拍摄时间（Flight Time GMT）：3:33:08。
- 影像的成像季节（Atmospheric Model）：Mid-Latitude Winter。
- 影像的地域特征（Aerosol Model）：Rural。

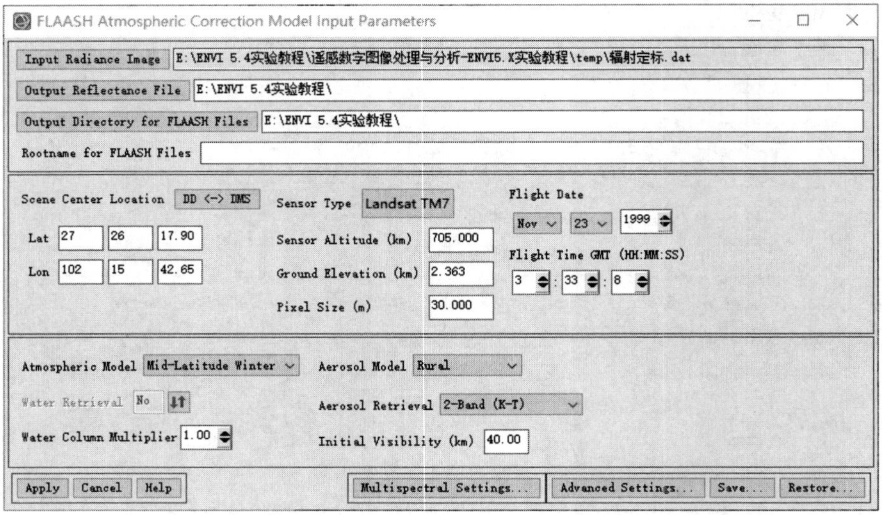

图 3.20　设置 FLAASH 大气校正参数（输出路径自行设定）

设置参数完成之后，单击底部的 Multispectral Settings 按钮，在 Multispectral Settings 对话框（见图 3.21）中，选择 Kaufman-Tanre Aerosol Retrieval → Defaults → Over-Land-Retrieval Standard (660: 2100nm)。

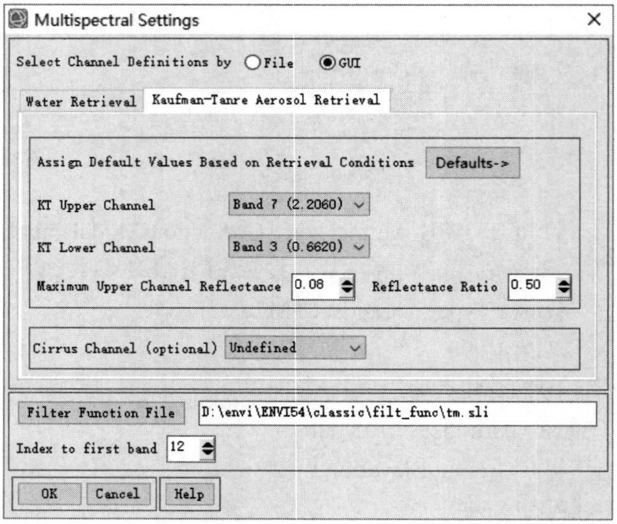

图 3.21　多光谱设置窗口

（4）单击 OK 按钮，回到 FLAASH Atmospheric Correction Model Input Parameters 对话框，选择 Advanced Settings，设置文件大小为 100（见图 3.22），如果文件过大会弹出错误，需要重新设置。其他选项保存默认设置，单击 OK 按钮回到 FLAASH Atmospheric Correction Model Input Parameters 对话框。

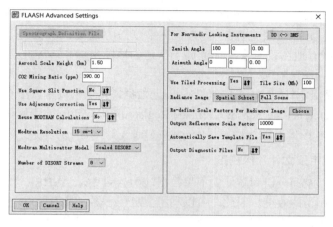

图 3.22　FLAASH 的高级设置

（5）确认无误后，单击 Apply 按钮进行大气校正（见图 3.23）。大气校正完成后，会弹出大气校正成功状态对话框（见图 3.24）。大气校正结果如图 3.25 所示。

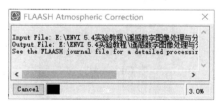

图 3.23　FLAASH 运行

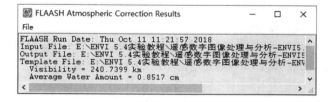

图 3.24　FLAASH 校正成功状态对话框

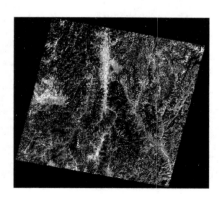

图 3.25　大气校正结果

注意：一般情况下，要先对图像做辐射定标，然后做大气校正。

3.2.3 几何校正

几何变形表现为影像上的像元相对于地面目标的实际位置发生挤压、扭曲、拉伸和偏移等。几何校正就是校正成像过程中所造成的各种几何畸变，是将图像数据投影到平面上，使其符合地图投影系统的过程。而将地图坐标系统赋予图像数据的过程，称为地理参考[13]或地理编码（geo-coding）。由于所有地图投影系统都遵循于一定的地图坐标系，因此几何校正过程都包含了地理参考过程[14]。

ENVI 5.4 及更高版本针对不同的数据源和辅助数据，提供的校正方法有基于自带定位地理信息的几何校正（Georeference by Sensor）、Image Registration Workflow 流程化工具、图像－图像校正（Image to Image）和图像－地图校正（Image to Map）等。

1. 卫星自带地理定位文件几何校正

对于重返周期短、空间分辨率较低的卫星数据，如 ASTEA、AVHRR、SeaWiFS、MODIS 等，地面控制点的选择有相当的难度。因此，可以利用卫星传感器自带的地理定位文件进行几何校正，校正精度主要受地理定位文件的影响。本实验以 MOIDS Level 1B 级数据为例，介绍具体操作过程。

（1）打开数据文件

MODIS 数据以 HDF 格式保存。选择 File → Open As → Optical Sensors → EOS → MODIS，打开 1km 分辨率的 MODIS 文件 MOD02HKM.A2013219.0405.006.2014219052200.hdf。ENVI 自动将 MODIS 数据定标为两部分数据：反射率（Reflectance）、辐射率（Radiance）。

（2）选择校正模型

在工具箱中，选择 Geometric Correction → Georeference by Sensor → Georeference MODIS，在 Input MODIS File 对话框中，选择校正的图像文件（见图 3.26），单击 OK 按钮。

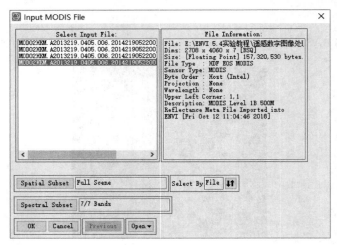

图 3.26　Input MODIS File 对话框

（3）设置输出参数

1）在 Georeference MODIS Parameters 对话框中，设置输出坐标系为 Geographic Lat/Lon，在 Number Warp Points 中，输入 X、Y 方向校正点的数量（X 方向的校正点数量应小于等于 51，Y 方向的校正点数量应小于等于行数），选择输出控制点文件的路径和名称（见图 3.27），单击 OK 按钮。

2）在 Registration Parameters 对话框中，系统自动计算起始点的坐标值、像元大小、图像行列数据，可以根据要求更改。Background 值设置为 0，设定路径和文件名（见图 3.28）。

图 3.27　选择路径和名称

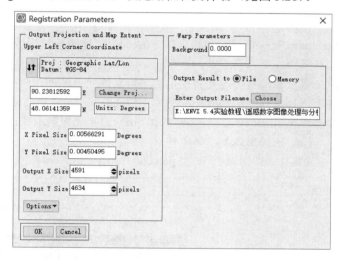

图 3.28　Registration Parameters 对话框

3）单击 OK 按钮，开始执行 MODIS 数据的校正，校正结果见图 3.29。

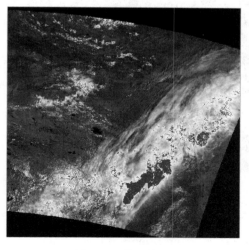

图 3.29　校正结果

2．Image Registration Workflow 工具

图像配准是将不同时间、不同传感器（成像设备）或不同条件（天候、照度、摄像位置和角度等）下获取的两幅或多幅图像进行匹配、叠加的过程。ENVI 自 5.0 开始增加了 Image Registration Workflow，它是自动、准确、快速的影像配准工作流，可将复杂的参数设置步骤集成到统一的窗口中，在少量或无须人工干预的情况下，能快速而准确地实现影像间的自动配准。

配准工具支持的数据格式包括 ENVI、TIFF、NITF、JPEG 2000、JPEG、ESRI® raster layer、Geodatabase raster。

基准图像必须包括标准的地图坐标或 RPC 信息，不能是像素坐标、有坐标没有投影信息（arbitrary 坐标信息）和伪坐标（pseudo）；对待校正影像没有要求，若没有坐标信息，则需要手动选择至少 3 个同名点。

以一幅没有经过几何校正的栅格文件或已经过几何校正的栅格文件作为基准图，通过从两幅图像上选择相同的地物来配准另外一幅栅格文件，使相同地物出现在校正后的图像上的相同位置。本实验以 WorldView-2 全色波段（0.5m）为基准数据来校正多光谱图像（2m），操作过程如下。

（1）选择图像配准的文件

1）打开图像数据 WV2-pan.dat 和 WV2-mul.dat，并显示在窗体中（见图 3.30）。

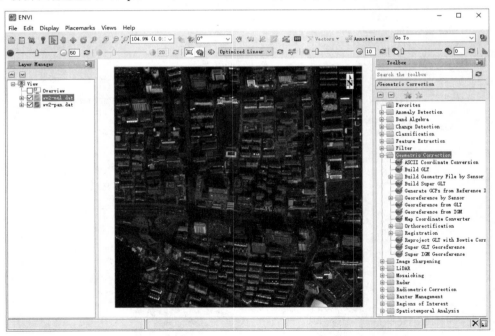

图 3.30　打开图像文件

2）在工具箱中，选择 Geometric Correction → Registration → Image Registration Workflow，启动几何校正模块。

3）在 Base Image File 对话框中，选择基准图像 wv2-pan.dat（Base Image）；在 Warp Image File 对话框中，选择待校正图像 wv2-mul.dat（见图 3.31），单击 Next 按钮。

（2）自动和手动生成控制点

1）设置 Main 选项卡（见图 3.32）。

- 匹配算法（Matching Method）：
  Cross Correlation 方法：一般用于相同形态的图像，如都是光学图像。
  Mutual Information 方法：一般用于不同形态的图像，如光学—雷达图像。
- 最小匹配点匹配阈值（Minimum Matching Score）：ENVI 的自动找点功能找到的匹配点低于这个阈值时，会自动删除而不参与校正，阈值范围是 0~1。
- 几何模型（Geometric Model）：过滤匹配点的几何模型。

参数设置：

❖ Geometric Model 包括 Frame Central Projection 和 Fitting Global Transform 两个模型，其中 Fitting Global Transform 适合于绝大部分图像，Frame Central Projection 适合于框幅式中心投影的航空图像数据。

❖ 变换模型（Transform）包括一次多项式（First-Order Polynomial）和仿射变换（RST）。

❖ 每个匹配点最大容许误差（Maximum Allowable Error Per Tie Point）：值越大，精度越差。

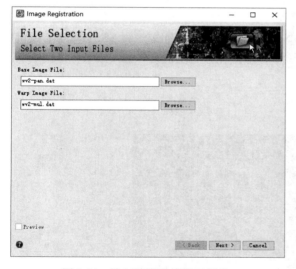

图 3.31　输入基准和待校正影像

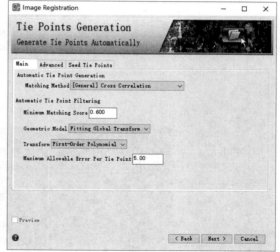

图 3.32　Main 选项卡

2）设置 Seed Tie Points 选项卡。

切换到 Seed Tie Points 选项卡，ENVI 主界面自动分为左右两个视窗，左边显示 Base Image，右边显示 Warp Image，并且切换选项卡时自动弹出 Cursor Value 对话框，在两个视窗中都开启光标查询。在 Seed Tie Points 选项卡（见图 3.33）中，预测点的位置（Predict Warp Location）和视窗链接（Link Views）两个复选框都处于选中状态。可以单击 ✚ 按钮手动添加控制点，也可以单击 🗁 按钮加载已有控制点。

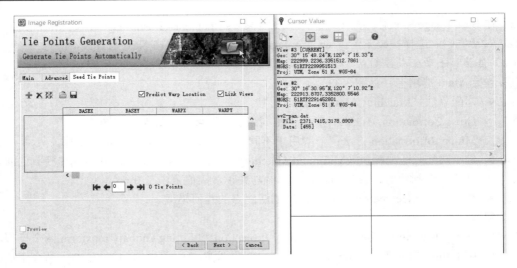

图 3.33　Seed Tie Points 选项卡

编辑控制点的规则如下。

● 添加控制点规则：把左视窗中的光标移动到待添加控制点的位置，右视窗通过预测位置和视窗链接功能自动定位到相应位置，由于两幅图像存在偏差，所以在右视窗中手动将光标移动到对应位置，然后单击 Seed Tie Points 选项卡中的 ✚ Add Tie Point 按钮，即可添加得到控制点 1，如图 3.34 和图 3.35 所示。以相同的方式继续添加多个控制点，如图 3.36 所示。

图 3.34　添加控制点 1 的信息

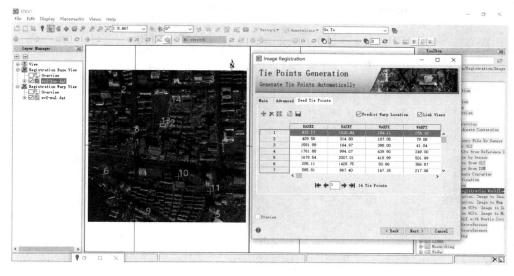

图 3.35　控制点 1

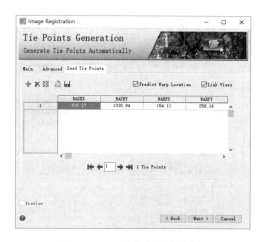

图 3.36　已添加好的控制点

- 删除控制点规则：选中要删除的控制点，单击 ✕ 按钮即可删除，单击 ✕✕ 按钮可删除全部控制点。
- 保存控制点规则：单击 🖫 按钮，可以保存控制点。

3）设置 Advanced 选项卡（见图 3.37），完成后单击 Next 按钮。

参数设置：

- Matching Band in Base Image：基准图像配准波段。
- Matching Band in Warp Image：待基准图像配准波段。
- Requested Number of Tie Points：拟生成的匹配点个数。

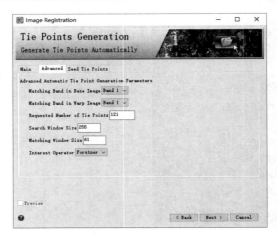

图 3.37　Advanced 选项卡

- Search Window Size：搜索窗口的大小，需要大于匹配窗口，搜索窗口越大，找到的点越精确，但需要的时间越长。
- Matching Window Size：匹配窗口的大小，会根据输入图像的分辨率自动调整一个默认值。
- Insert Operator：匹配算法的设置，Forstner 方法的精度最高，速度最慢。

（3）检查控制点及预览结果

1）检查匹配点。在 Tie Points 选项卡中查看控制点列表，如图 3.38 所示。

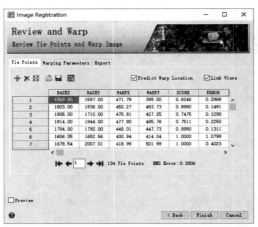

图 3.38　Tie Points 选项卡

　　在图像控制点列表中，BASEX、BASEY 为基准图像上显示窗口十字光标的 X 像素坐标（列数）、Y 像素坐标（行数）；WARPX、WARPY 为校正图像上显示窗口十字光标的 X 像素坐标（列数）、Y 像素坐标（行数）；ERROR 为误差值，选中 ERROR 列，右键单击后选择 Sort by Selected Column Reverse 按照误差从大到小排序，找出误差较大的点，直接删除。

2）切换到 Warping Parameters 选项卡，设置校正参数（见图 3.39），设置好后，单击 Next 按钮。

图 3.39　Warping Parameters 选项卡

- Warping Method（校正模型）：仿射变换（RST）、多项式（Polynomial）、局部三角网（Triangulation）。
- Resampling（重采样）方法：Cubic Convolution。
- Data Ignore Value（数据忽略值）：0。
- Output Pixel Size from（输出像元大小）：Warp Image。

3）预览结果。在 Tie Points 选项卡或 Warping Parameters 选项卡下方选中 Preview 选项，在视图中出现局部校正结果的预览图，如图 3.40 所示。

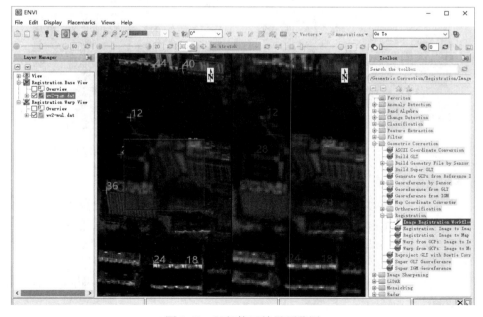

图 3.40　局部校正结果预览图

（4）校正结果

切换到 Export 选项卡，设置输出参数（见图 3.41），单击 Finish 按钮开始校正。校正前后的局部效果图分别见图 3.42 和图 3.43。

图 3.41　设置输出参数

图 3.42　校正前的局部效果

图 3.43　校正后的局部效果

3．图像－图像几何校正

以一个没有经过几何校正的栅格文件或已经过几何校正的栅格文件作为基准图，通过从两幅图像上选择相同的地物来配准另外一个栅格文件，可使相同地物出现在校正后的图像上的相同位置。本实验以标准 TM 影像为基准影像来校正 CCD1 多光谱图像，操作过程如下。

（1）打开图像数据 TM5.dat 和 CCD1.dat，将它们显示在窗体中。

（2）在工具箱中，选择 Geometric Correction → Registration → Registration: Image to Image，启动图像到图像的校正模块。

（3）在 Select Input Band from Base Image 对话框中，选择基准图像（见图 3.44）。

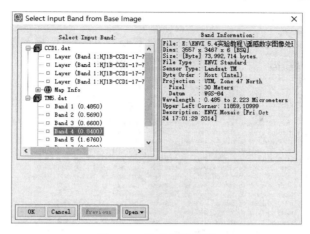

图 3.44　选择基准图像

（4）单击 OK 按钮，在 Select Input Warp File 对话框中，选择 CCD1 为待校正图像（见图 3.45）。

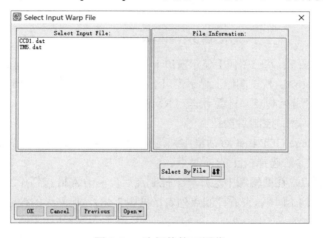

图 3.45　选择待校正图像

（5）单击 OK 按钮，在 Warp Band Matching Choice 对话框中，选择第四波段作为待校正波段，单击 OK 按钮，出现 ENVI Question 对话框（是否打开控制点），选择"否"，打开 Automatic Registration Parameters 对话框。

（6）单击 OK 按钮，出现 Ground Control Points Selection 对话框（控制点工具，见图 3.46）和 Image to Image GCP List 对话框（控制点列表，见图 3.47）。

在 Ground Control Points Selection 对话框中，各参数的含义如下：

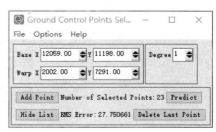

图 3.46　地面控制点选择

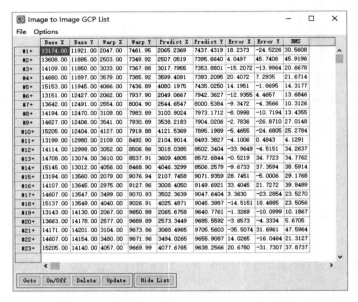

	Base X	Base Y	Warp X	Warp Y	Predict X	Predict Y	Error X	Error Y	RMS
#1+	13174.00	11921.00	2047.00	7461.95	2065.2369	7437.4319	18.2373	-24.5226	30.5608
#2+	13608.00	11885.00	2503.00	7349.92	2507.0519	7395.6640	4.0497	45.7406	45.9196
#3+	14109.00	11850.00	3033.00	7367.88	3017.7955	7353.8801	-15.2072	-13.9964	20.6678
#4+	14680.00	11897.00	3579.00	7385.92	3599.4091	7393.2095	20.4072	7.2935	21.6714
#5+	15153.00	11945.00	4066.00	7436.89	4080.1975	7435.0250	14.1951	-1.8695	14.3177
#6+	13151.00	12427.00	2062.00	7937.90	2049.0667	7942.3627	-12.9355	4.4657	13.6846
#7+	13642.00	12491.00	2554.00	8004.90	2544.6547	8000.5384	-9.3472	-4.3566	10.3126
#8+	14194.00	12470.00	3109.00	7983.89	3100.9024	7973.1712	-6.0998	-10.7194	13.4355
#9+	14627.00	12406.00	3541.00	7930.89	3538.2183	7904.0206	-2.7836	-26.8710	27.0148
#10+	15205.00	12404.00	4127.00	7919.88	4121.5369	7895.1989	-5.4655	-24.6805	25.2784
#11+	13199.00	12980.00	2109.00	8492.90	2104.9014	8493.3827	-4.1006	0.4843	4.1291
#12+	14114.00	12998.00	3052.00	8506.86	3018.0385	8502.3404	-33.9649	-4.5151	34.2637
#13+	14708.00	13074.00	3610.00	8537.91	3609.4805	8572.6844	-0.5219	34.7723	34.7762
#14+	15145.00	13012.00	4056.00	8468.90	4046.3299	8506.2579	-9.6733	37.3594	38.5914
#15+	13194.00	13560.00	2079.00	9076.94	2107.7458	9071.9359	28.7451	-5.0006	29.1768
#16+	14107.00	13645.00	2975.00	9127.96	3008.4050	9149.6921	33.4045	21.7272	39.8489
#17+	14607.00	13547.00	3499.00	9070.93	3502.3639	9047.6404	3.3630	-23.2854	23.5270
#18+	15137.00	13549.00	4040.00	9026.91	4025.4871	9045.3987	-14.5151	18.4885	23.5056
#19+	13143.00	14130.00	2067.00	9650.88	2065.6758	9640.7761	-1.3269	-10.0999	10.1867
#20+	13663.00	14178.00	2577.00	9689.89	2573.3449	9685.5592	-3.6573	-4.3334	5.6705
#21+	14171.00	14201.00	3104.00	9673.86	3068.4965	9705.5603	-35.5074	31.6961	47.5964
#22+	14607.00	14154.00	3480.00	9671.96	3494.0265	9655.9087	14.0265	-16.0464	21.3127
#23+	15205.00	14140.00	4057.00	9669.99	4077.6765	9638.2566	20.6780	-31.7307	37.8737

图 3.47　控制点列表

- Base X、Base Y：基准图像上显示窗口十字光标的 X 像素坐标（列数）、Y 像素坐标（行数）。
- Warp X、Warp Y：校正图像上显示窗口十字光标的 X 像素坐标（列数）、Y 像素坐标（行数）。
- Degree：预测控制点、计算误差（RMS）多项式次数。
- Add Point：添加控制点按钮。

（7）在 Image to Image GCP List 对话框中，选择 Options → Clear All Points，清除自动匹配的所有控制点，重新选择校正的控制点。

（8）开始采集控制点，在两幅图中选好一个控制点后，单击 Add 按钮添加控制点，采集完控制点后，单击 Show List 按钮查看控制点列表（见图 3.48），误差大的控制点可以删除。

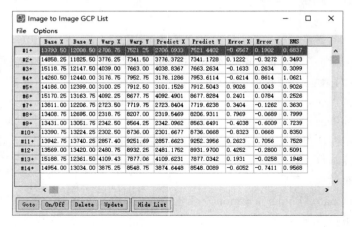

	Base X	Base Y	Warp X	Warp Y	Predict X	Predict Y	Error X	Error Y	RMS
#1+	13793.50	12008.50	2706.75	7521.25	2706.0933	7521.4402	-0.6567	0.1902	0.6837
#2+	14858.25	11825.50	3776.25	7341.50	3776.3722	7341.1728	0.1222	-0.3272	0.3493
#3+	15118.75	12147.50	4039.00	7663.00	4038.8367	7663.2634	-0.1633	0.2634	0.3099
#4+	14260.50	12440.00	3176.75	7952.75	3176.1286	7953.6114	-0.6214	0.8614	1.0621
#5+	14186.00	12399.00	3100.25	7912.50	3101.1526	7912.5043	0.9026	0.0043	0.9026
#6+	15170.25	13163.75	4092.25	8677.75	4092.4901	8677.8284	0.2401	0.0784	0.2526
#7+	13811.00	12206.75	2723.50	7719.75	2723.8404	7719.6238	0.3404	-0.1262	0.3630
#8+	13408.75	12695.00	2318.75	8207.00	2319.5469	8206.9311	0.7969	-0.0689	0.7999
#9+	13431.00	13051.75	2342.50	8564.25	2342.0962	8563.6491	-0.4038	-0.6009	0.7239
#10+	13390.75	13224.25	2302.50	8736.00	2301.6677	8736.0668	-0.8323	0.0668	0.8350
#11+	13942.75	13740.25	2857.40	9251.69	2857.6623	9252.3956	0.2623	0.7056	0.7528
#12+	13569.00	13420.00	2480.75	8932.25	2481.1752	8931.9700	0.4252	-0.2800	0.5091
#13+	15188.75	12361.50	4109.43	7877.06	4109.6231	7877.0342	0.1931	-0.0258	0.1948
#14+	14954.00	13034.00	3875.25	8548.75	3874.6448	8548.0089	-0.6052	-0.7411	0.9568

图 3.48　控制点列表

在 Image to Image GCP List 对话框中，5 个按钮的功能如下：

- Goto：要将缩放窗口定位到任何所选的 GCP 处，可在 GCP 列表中选择所需的 GCP 后，单击 Goto 按钮。
- On/Off：开启或关闭按钮。
- Delete：删除所选的 GCP。
- Update：交互式更新 GCP 的位置。
- Hide List：隐藏 GCP 列表。

（9）采集控制点后，在 Ground Control Points Selection 对框中，选择 Options → Warp File（as Image to Map），单击 OK 按钮，输入待校正图像（见图 3.49）。

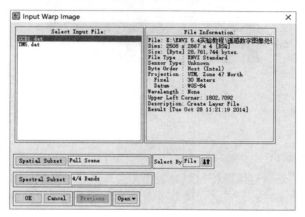

图 3.49　输入待校正图像

（10）单击 OK 按钮，在 Registration Parameters 对话框中，输入保存路径，保存文件（见图 3.50）。

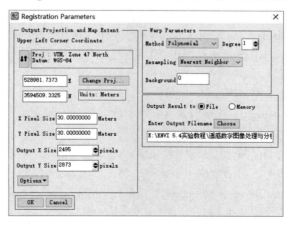

图 3.50　校正参数对话框

（11）单击 OK 按钮，完成校正，检验校正结果（见图 3.51）。

图 3.51　校正结果

检验校正结果的基本方法是，在视窗界面内打开基准图像和地图几何校正结果图，进行叠加对比分析。

4．图像－地图几何校正

图像－地图几何校正是通过地面控制点对遥感图像几何进行平面化的过程，其控制点可以由键盘输入，也可从矢量文件中获取，或者从栅格文件中获取（地形图校正就可采用此方法）。操作过程如下：

（1）打开图像数据 TM5.dat，显示到窗体中。

（2）在工具箱中选择 Geometric Correction → Registration → Registration: Image to Map，启动图像到地图的校正模块。

（3）在 Select Image Display Bands Input Bands 对话框中，选择波段，单击 OK 按钮（见图 3.52）。

（4）在 Image to Map Registration 对话框中，设置图像的校正投影参数、像元大小（X/Y Pixel Size）等，如图 3.53 所示，单击 OK 按钮。

（5）采集地面控制点。

地面控制点的采集有以下几种方式（几种方式可以同时采用）。

1）键盘输入

a）在校正图像的 Display 中移动方框位置，寻找明显的地物特征点作为输入的控制点。

b）在 Zoom 窗体中，移动定位十字光标，将十字光标定位到地物特征点上。

c）在 Ground Control Points Selection 对话框中，根据 Cursor Location/Value 用键盘输入这个点的坐标值（见图 3.54）。

d）重复上述步骤，继续采集地面控制点。

e）采集 4 个点后，下一个点可通过 Predict 预测功能预测图上的大致位置。

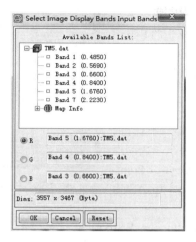

图 3.52 波段选择

图 3.53 设置校正投影参数

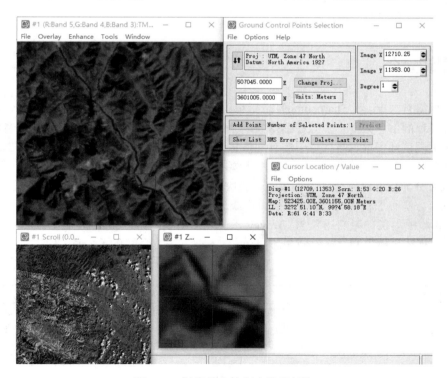

图 3.54 键盘输入控制点的坐标值

2）从栅格文件中采集

a）打开栅格文件，并在窗体中显示。

b）在校正图像的 Display 中移动方框位置，寻找明显的地物特征点作为输入的控制点。

c）在栅格文件的 Display 中，单击右键，打开快捷菜单，选择 Pixel Locator，单击 Pixel Locator 对话框中的 Export 按钮，系统自动将定位点坐标输入 Ground Control Points Selection 对话框中的 E、N 项（见图 3.55）。

图 3.55　控制点定位

d）重复上述步骤，采集其他控制点。

在 Ground Control Points Selection 对话框中，查看 RMS 是否达到要求，单击 Show List 按钮，可以看到选择的所有控制点列表。如果 RMS 值符合精度要求，控制点的数量足够且分布均匀，那么在 Ground Control Points Selection 中，选择 File → Save Coefficients to ASCII 保存控制点。

（6）在 Ground Control Points Selection 中，选择 Options → Warp File，选择校正文件 TM5.dat，单击 OK 按钮。在打开的 Registration Parameters 对话框中，输入保存路径，单击 OK 按钮开始执行校正操作。

（7）在视窗中对比原始图像和校正后的结果图像，检查校正结果的精度。

3.3　图像融合

遥感图像融合（Image Sharpening）是指将由多源通道所采集的同一目标的图像经过一定的处理，提取各通道的信息来复合多源遥感图像，综合形成统一图像或综合利用各图像信息的技术[15]。图像融合最大限度地提取各自信道中的有利信息，最后综合成高质量的图像，以提高图像信息的利用率，改善计算机解译精度和可靠性、提升原始图像的空间分辨率和光谱分辨率[16]。图像融合按融合的层次可分为像素级融合、特征级融合和决策级融合[17]。目前，最常用的图像融合采用像素级融合，融合方法有加权平均、IHS 变换、主成分分析和小波变换等。

ENVI 5.4 中提供的融合方法有 Brovey 变换、CN Spectral Sharpening、Gram-Schmidt Pan Sharpening、HSV 变换和 PC Spectral Sharpening，各种方法的简单介绍如表 3.3 所示。

表 3.3　融合方法简介

融 合 方 法	适 用 数 据	简 单 介 绍
HSV 变换	RGB 图像	HSV 变换可进行 RGB 图像到 HSV 色度空间的变换，用高分辨率图像代替颜色亮度值波段，自动用最近邻、双线性或三次立方技术将色度和饱和度重采样到高分辨率像元尺寸，然后再将图像变换回 RGB 色度空间
Brovey 变换		Brovey 变换方法对彩色图像和高分辨率数据进行数学合成，从而融合图像。彩色图像中的每个波段都乘以高分辨率数据与彩色波段总和的比值。函数自动地用最近邻、双线性或三次立方技术将三个彩色波段重采样到高分辨率像元尺寸
CN Spectral Sharpening	多光谱影像	CN 波谱融合的彩色标准化算法也能量分离变换（Energy Subdivision Transform），它用来自融合图像的高空间分辨率（低波谱分辨率）波段对输入图像的低空间分辨率（高波谱分辨率）波段进行增强

续表

融 合 方 法	适 用 数 据	简 单 介 绍
Gram-Schmidt Pan Sharpening	多光谱影像	Gram-Schmidt 变换可以对具有高分辨率的高光谱数据进行融合。第一步，从低分辨率波谱波段中复制出一个全色波段。第二步，对该全色波段和波谱波段进行 Gram-Schmidt 变换，其中全色波段作为第一个波段。第三步，用 Gram-Schmidt 变换后的第一个波段替换高空间分辨率的全色波段。最后，应用 Gram-Schmidt 反变换构成融合后的波谱波段
PC Spectral Sharpening		PC 方法可以对具有高空间分辨率的光谱图像进行融合。第一步，先对多光谱数据进行主成分变换。第二步，用高分辨率波段替换第一主成分波段，在此之前，高分辨率波段已被缩放匹配到第一主成分波段，从而避免波谱信息失真。第三步，进行主成分反变换。函数自动地用最近邻、双线性或三次立方技术将高光谱数据重采样到高分辨率像元尺寸

3.3.1　RGB 图像的融合

Brovey 变换和 HSV 变换都要求数据具有地理参考和相同的尺寸。这两种方法的操作方式类似，下面以 HSV 变换为例介绍具体的操作流程。

（1）启动 ENVI 5.4，打开融合的两个文件 TM.dat、Spot.dat。

（2）在工具箱中，选择 Image Sharpening → HSV Sharpening。在 Select Input RGB Input Bands 中选择要融合的低分辨率影像的 RGB 波段，如选择 TM 的 5、4、3 波段（见图 3.56）。

（3）单击 OK 按钮，在 High Resolution Input File 对话框中，选择进行融合的高分辨图像（选择其中的一个波段），单击 OK 按钮（见图 3.57）。

（4）在 HSV Sharpening Parameter 对话框中，可以选择最近邻、双线性或三次立方技术将色度和饱和度重采样到高分辨率像元尺寸，单击 OK 按钮将 RGB 图像变换到 HSV 色度空间，保存结果，融合前后 TM 影像对比如图 3.58 所示。

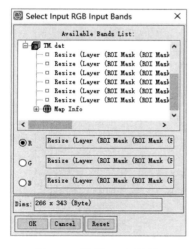

图 3.56　选择 RGB 波段

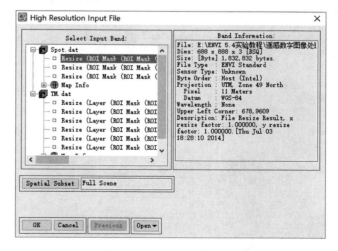

图 3.57　选择高分辨率波段

(a) 融合前的 TM543 影像   (b) 融合 SPOT 影像后的 TM543 影像

图 3.58　融合前后 TM 影像对比

注意：进行 RGB 图像融合时，R、G、B 波段合成的图像可以是真彩色图像，也可以是伪彩色图像，但 RGB 输入波段必须为无符号 8 比特数据。

3.3.2　多光谱图像的融合

针对多光谱图像，ENVI 的融合方法见表 3.3。这五种融合方法的操作基本类似，下面以 Gram-Schmidt 为例介绍具体的操作流程。

（1）打开多光谱文件 WV2-mul.dat 和全色波段文件 WV2-pan.dat。

（2）在工具箱中，选择 Image Sharpening → Gram-Schmidt Pan Sharpening，在输入低分辨率多光谱对话框中，选择多光谱文件（见图 3.59）。

（3）单击 OK 按钮，在输入高分辨率全色波段对话框中，选择全色波段文件（见图 3.60）。

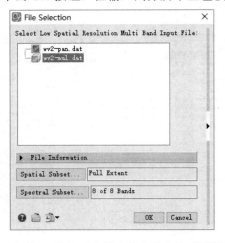

图 3.59　输入低分辨率多光谱文件对话框   图 3.60　输入高分辨全色波段对话框

（4）单击 OK 按钮，在 Pan Sharpening Parameters 对话框中设定输出文件名和路径，单击 OK
　　按钮开始执行多光谱图形融合操作，融合前后的图像对比如图 3.61 所示。

(a) 融合前的多光谱影像

(b) 融合全色波段后的影像

图 3.61　融合前后的影像对比

3.4　图像镶嵌

图像镶嵌/拼接（Mosaicking）是指将多幅具有重叠部分的图像制作成一幅没有重叠的新图像。
ENVI 5.4 提供的镶嵌方法有基于像元的镶嵌（Pixel Based Mosaicking）和无缝镶嵌（Seamless
Mosaic），本节介绍这两种方法镶嵌图像的具体操作过程。

3.4.1　基于像元的图像镶嵌

基于像元的镶嵌（Pixel Based Mosaicking）操作过程如下：

（1）启动 ENVI，加载镶嵌图像 mosaic1-G.dat 和 mosaic2-G.dat。

（2）在工具箱中，选择 Mosaicking → Pixel Based Mosaicking，
　　打开 Pixel Based Mosaic 对话框，选择 Import → Import Files
　　加载两幅图像。

（3）首先单击待镶嵌图像，查看图像信息的大小（File Information），
　　将需镶嵌图像的行列数相加，得到一个像元镶嵌区域的大
　　概范围。

（4）选择两幅图像，单击 OK 按钮，在镶嵌大小对话框中，输
　　入 X，Y 的尺寸（本实验中 X 为 482，Y 为 628），单击 OK
　　按钮返回 Pixel Mosaic 对话框。

（5）在 Pixel Mosaic 对话框内显示这两幅图像（见图 3.62）。在

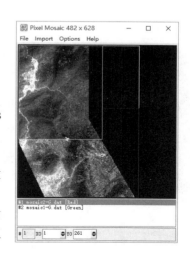

图 3.62　基于像元镶嵌的对话框

Pixel Based Mosaic 对话框中，右键单击窗口文件或选择文件列表中的一个文件并右键单击，在右键菜单中可以调整文件的叠加顺序（Raise Image to Top），也可编辑文件（Edit Entry）。

（6）选择文件列表中的一个文件，如 mosaic1-G.dat，在 Edit Entry 对话框中进行设置（见图 3.63）：

- 设置忽略 0 值（Data Value to Ignore: 0）。
- 设置羽化半径为 10 个像素（Feathering Distance）；
- 在镶嵌窗口的显示（Mosaic Display）中，设置显示方式为 RGB。
- 设置选中图像的颜色平衡（Color Balancing）为基准图像（Fixed）。

（7）对另一幅图像文件，如 mosaic2-G.dat 进行设置，将其设置为颜色平衡（Color Balancing）的校正图像（Adjust），其他设置与 mosaic1-G.dat 相同，设置的效果如图 3.64 所示。

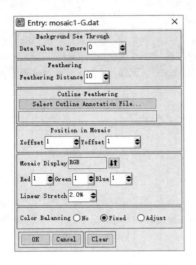

图 3.63　Entry 参数设置

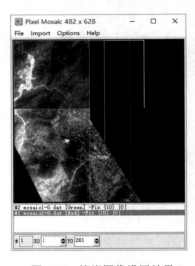

图 3.64　镶嵌图像设置效果

（8）选择 File → Apply，在弹出的 Mosaic Parameters 对话框（见图 3.65）中，设置输出文件路径及名称，单击 OK 按钮，进行拼接，将镶嵌结果显示在 ENVI 窗口中，如图 3.66 所示。

图 3.65　Mosaic Parameters 对话框

图 3.66　镶嵌结果

3.4.2　无缝镶嵌

ENVI 5.4 提供了无缝镶嵌的工具，使用该工具可以更精细地控制图像镶嵌，包括镶嵌匀色、接边线生成和预览镶嵌效果等。以下是对两幅相邻影像的无缝镶嵌过程。

（1）启动 ENVI，打开影像 GF_1 和 GF_2。

（2）在工具箱中选择 Mosaicking → Seamless Mosaic，弹出 Seamless Mosaic 对话框，单击 Add Scenes 按钮，在 File Selection 对话框中选择待镶嵌的影像 GF_1 和 GF_2，单击 OK 按钮将两幅影像添加到 Seamless Mosaic 对话框中（见图 3.67）。

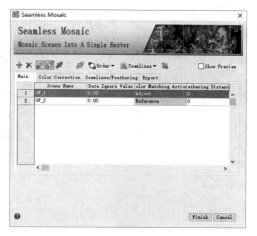

图 3.67　Main 选择卡的参数设置

（3）在 Color Correction 选项卡中，选中 Histogram Matching 选项（见图 3.68），选中 Overlap Area Only：统计重叠区域直方图进行匹配；或者选中 Entire Scene：统计整幅图像直方图进行匹配。

图 3.68　Color Correction 选项卡的参数设置

（4）在 Seamlines/Feathering 窗口中选中 Apply Seamlines，取消使用接边线，若需要添加接边线，可选择 Seamlines → Auto Generate Seamlines，自动在影像上生成接边线（见图 3.69）；在羽化设置中可以选择 None（不使用羽化处理）、Edge Feathering（使用边缘羽化）和 Seamline Feathering（使用接边线羽化）。

（5）在 Export 窗口中设置输出格式、输出文件名及路径和背景值等，设置完成后，单击 Finish 按钮完成镶嵌过程，显示镶嵌结果（见图 3.70）。

图 3.69　自动生成的接边线　　　　　　图 3.70　镶嵌结果

3.5　图像裁剪

在实际工作中，经常需要根据研究工作范围对图像进行裁剪（Subset Image）。ENVI 5.4 中提供的图像分幅裁剪有规则分幅裁剪（Rectangle Subset）和不规则分幅裁剪（Polygon Subset）两类。本节实验以 TM5 图像为例，介绍图像裁剪的具体操作过程，数据为 TM5.dat。

3.5.1　规则分幅裁剪

规则分幅裁剪是指裁剪图像的边界范围是一个矩形，通过左上角和右下角两点的坐标、图像文件、地图坐标或 ROI/EVF（ENVI 中的矢量文件格式），确定图像的裁剪位置的方法。下面介绍规则裁剪的具体操作过程。

（1）启动 ENVI，打开裁剪图像 TM5.dat。

（2）在工具箱中，选择 Raster Management → Resize Data，在 Resize Data Input File 对话框中，输入裁剪图像 TM5.dat（见图 3.71）。单击 Spatial Subset 按钮，在 Select Spatial Subset 对话框（见图 3.72）中，选择 Image。

（3）拖动红色矩形框到需要裁剪的区域，或输入行列号确定矩形框的大小，并拖动矩形框到需要裁剪的区域（见图 3.73），单击 OK 按钮。

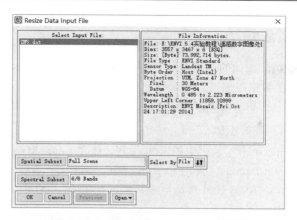

图 3.71　Resize Data Input File 对话框

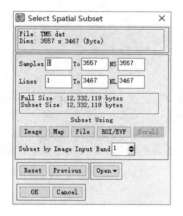

图 3.72　Select Spatial Subset 对话框　　　　图 3.73　裁剪区域的确定

（4）在 Resize Data Input File 对话框中单击 OK 按钮，弹出 Resize Data Parameters 对话框，设置采样方式、输出路径和名称，保存裁剪文件（见图 3.74）。

（5）单击 OK 按钮，进行裁剪，结果如图 3.75 所示。

图 3.74　Resize Data Parameters 对话框　　　　图 3.75　裁剪结果

3.5.2 不规则分幅裁剪

不规则分幅裁剪是指裁剪图像的边界范围是任意多边形裁剪。在 ENVI 5.4 中，不需要把矢量转成 ROI，可以直接用矢量数据对栅格影像进行裁剪。除此之外，可用一个矢量对 n 个同一区域的栅格进行裁剪。下面分别介绍用 ROI 和矢量数据进行图像裁剪的操作过程。

1. 用感兴趣区（ROI）裁剪图像

（1）打开图像 TM5.dat，单击工具栏上的 ROI 按钮，或在 Layer Manager 中右键单击 TM5.dat，选择 New Region Of Interest，弹出 Region of Interest (ROI) Tool 对话框（见图 3.76）。

（2）在 Region of Interest (ROI) Tool 对话框中，单击 按钮，在窗口中创建 ROI（见图 3.77）。

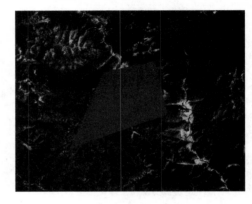

图 3.76　Region of Interest (ROI) Tool 对话框　　　　图 3.77　创建 ROI

（3）在 Region of Interest（ROI）Tool 对话框中，选择 Options → Subset Data with ROIs，弹出 Spatial Subset via ROI Parameters 对话框。

（4）在 Spatial Subset via ROI Parameters 对话框中，将 Mask pixels outside of ROI 选为 Yes，将掩膜背景值设置为 0 或 255，如图 3.78 所示。

（5）设定输出文件路径和名称，保存文件，结果如图 3.79 所示。

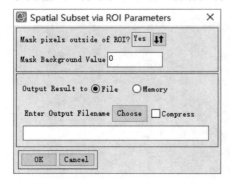
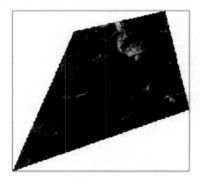

图 3.78　ROI 裁剪参数设置　　　　　　　　　图 3.79　输出结果

2．使用矢量数据裁剪图像

（1）打开图像数据 TM5.dat 和矢量数据。

（2）在工具箱中选择 Regions of interest → Subset Data via ROIs，在 Select Input Files to Subset via ROI 对话框中选择需要裁剪的文件 TM5.dat，单击 OK 按钮。

（3）在 Spatial Subset via ROI Parameters 对话框中，选择矢量数据。将 Mask pixels outside of ROI 选为 Yes，将背景值设置为 0 或 255，设定输出文件路径和名称，保存文件。

3.6　图像合成

图像合成是将多谱段黑白图像经多光谱图像彩色合成而变成彩色图像的一种处理技术。图像合成的目的是增强遥感图像上地物的信息。针对不同的应用目的，可实施不同的彩色合成方案。常用的图像合成方法有伪彩色合成和彩色合成。

3.6.1　伪彩色合成

伪彩色（Pseudo Color）：每个像素的颜色不是由每个基色分量的数值直接决定的，而是把像素值当作颜色查找表（Color Look-Up Table，CLUT）的表项入口地址，去查找一个显示图像时使用的 R、G、B 强度值，用查找出的 R、G、B 强度值合成产生彩色。具体操作如下：

（1）启动 ENVI，打开图像 TM5.dat。

（2）在工具箱中选择 Classification → Raster Color Slices，选择波段（如 band1），单击 OK 按钮（见图 3.80）。

（3）在 Edit Raster Color Slices：Raster Color Slice 对话框中，单击图标按钮对分割类别、分割颜色表等进行设置。

（4）单击 OK 按钮，合成伪彩色图像，并在窗体中进行查看（见图 3.81）。

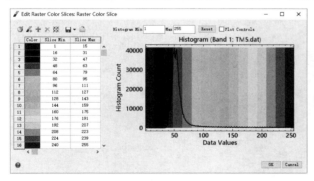
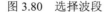
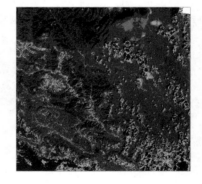

图 3.80　选择波段　　　　　　　　　　　图 3.81　伪彩色合成图

3.6.2　彩色合成

彩色合成包括真彩色合成和伪彩色合成。真彩色（True Color）：指在组成一幅彩色图像的每个像素值中，有 R、G、B 三个基色分量，每个基色分量直接决定显示设备的基色强度产生彩色。伪彩色（False Color）：将多波段单色影像合成为伪彩色影像，如 TM5 有七个波段，用其中任意三个合成就可产生伪彩色。具体操作如下：

（1）启动 ENVI，打开图像 TM5.dat。

（2）选择 File → Data Manager，或单击工具栏上的图标 📄 打开 Data Manager 对话框（见图 3.82）。

（3）在 Band Selection 对话框中，在 R、G、B 通道对应选择 TM 影像的 4、3、2 波段，单击 Load Data 按钮，合成伪彩色图像（见图 3.83）。

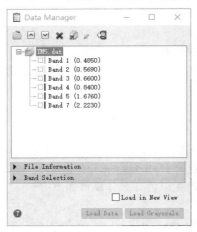

图 3.82　Data Manager 对话框　　　　图 3.83　合成的 TM432 伪彩色图像

此外，若合成彩色影像前的多波段影像为单波段影像，则可先在 ENVI 中打开所有影像 LE71300411999327EDC00_B1-B8.TIF，再在工具箱中选择 Raster Management → Layer Stacking，在打开的 Selected File for Layer Stacking 对话框中，单击 Import File，打开 Layer Stacking Input File 对话框（见图 3.84），选择要合成的波段（如 2、3、4 波段），合成 3 个及以上波段数的伪彩色影像。

图 3.84　Layer Stacking Input File 对话框

3.7　矢量数据处理

遥感影像是栅格数据结构,直接依据影像提取或分类的地物要素仍保存为栅格结构。相比而言,矢量数据结构表示具有地理数据的精度更高、数据结构严密、数据量小、拓扑关系计算方便及制图精美等优点。因此,将计算的栅格数据转换为矢量数据具有非常实际的应用需求。从栅格到矢量数据的转换又称栅格数据的矢量化,主要用于地图或专题图件的扫描输入、图像分类或分割结果的存储和绘图等。

3.7.1　新建矢量数据

在主菜单中,打开数据"分类区域.dat",选择 1、2、3 波段进行标准伪彩色合成,经 2%的线性拉伸后,结果如图 3.85 所示。

图 3.85　显示待操作数据

选择 File → New → Vector Layer,弹出 Create New Vector Layer 对话框(见图 3.86)。

在 Layer Name 后输入图层名 Water,在 Record Type 后的下拉列表中选择类型 Polygon,选择源数据 Spot,单击 OK 按钮,在 Layer Manager 中生成矢量图层 Water.shp。此时工具栏上的 图标被激活,单击该快捷图标在影像中的河流湖泊区域选择样本,如图 3.87 所示。

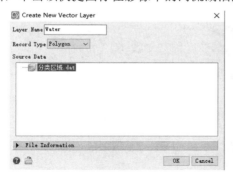

图 3.86　新建矢量层对话框

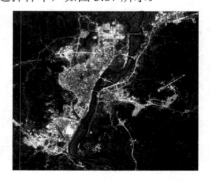

图 3.87　矢量图层(见图中的多边形)

在 Layer Manager 中右键单击 Water.shp，在出现的菜单中选择 Save As 保存数据。

3.7.2　编辑矢量数据

本实验选用非监督分类后的数据，如图 3.88 所示，图中深绿色代表林地，亮绿色斑块代表其他植被，蓝色代表水体，橙色代表裸地，棕色代表城镇。

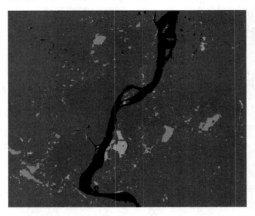

图 3.88　分类结果图

在工具箱中，选择 Classification → Post Classification → Classification to Vector，将分类后的建筑物数据转换为矢量数据 Chengzhen.evf，如图 3.89 所示。

在 Layer Manager 中右键单击 Chengzhen.evf，选择 View/Edit Attributes，打开属性表，查看或修改矢量数据的属性；也可右键单击 Chengzhen.evf，选择 Send to ArcMap，在 ArcMap 下编辑修改数据。

单击属性表中每行的数字，高亮显示图像中相应区域的矢量数据。若要选择多行，可在按下 Shift 键或 Ctrl 键的同时进行选择。

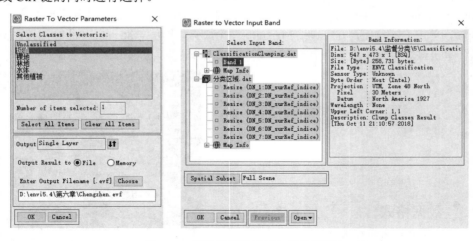

图 3.89　参数设置及城镇矢量数据图

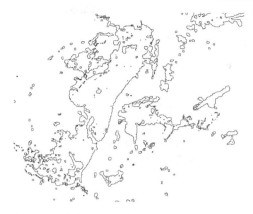

图 3.89　参数设置及城镇矢量数据图（续）

在属性表上部单击▦按钮清除选择数据；在属性表上部单击▤按钮反向选择数据；在属性表上部单击▦按钮选择全部数据。

选中一列后，选择属性表主菜单 Options → Delete Columns，可删除选中的列。

选择 Options → Add Columns，弹出 Add Attribute Columns 对话框（见图 3.90），在对话框中输入列名、列宽，并选择类型；单击➕按钮添加定义的列；单击✖按钮删除列表中定义的列；单击▣按钮从其他文件中导入属性，它有三种方式：Auto Populate Columns、From Shapefile 和 From Vector。

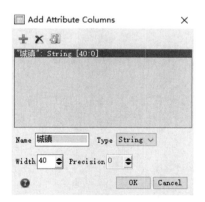

图 3.90　Add Attribute Columns 对话框

选中一个单元格、多个单元格、多列或多行。选择 Options → Replace Cells with Value，替换属性表中的值。

选中一列，右键单击行标题，选择菜单选项，可以按升序或降序排序。

3.7.3　数据格式转换

（1）在工具箱中，选择 Vector → Convert EVF to Shapefile，将 ENVI 软件中标准的 EVF 格式

数据转换为 Shapefile 格式的数据，Shapefile 文件是 ESRI 公司描述空间数据的几何和属性特征的非拓扑实体矢量数据结构的一种格式。

（2）在工具箱中，选择 Vector → Classify ROIs to Shapefile，将感兴趣区转换为 Shapefile 格式的数据。

（3）在工具箱中，选择 Regions of Interest → Vector to ROI，将 Vector 格式的数据转换为 ROI 格式的数据。

（4）在工具箱中，选择 Vector → Raster to Vector，将栅格格式的数据转换为矢量格式的数据。例如，将分类后的数据转换为矢量格式的数据。

第4章 图像增强

本章主要内容：

- 图像变换
- 滤波增强
- 纹理分析

图像增强是为了突出图像中的某些信息（如强化图像的高频分量，使图像中物体的轮廓清晰、细节明显），同时抑制或去除某些不需要的信息来提高遥感图像质量的处理方法。

图像增强的主要目的有：改变图像的灰度等级，提高图像对比度；消除边缘噪声，平滑图像；突出边缘或线状地物，锐化图像；合成彩色图像；压缩图像数据量；突出主要信息等[18]。图像增强的常用方法主要有空间域增强、频率域增强、彩色增强、图像间运算等[19]。

注意，本章所有参数设置均为演示所用，不代表各种增强方法的实际分类效果，请读者在操作时根据实际图像状况自行调节参数。

4.1 图像变换

为了用正交函数或正交矩阵表示图像而对原图像所做的二维线性可逆变换为图像变换。一般称原始图像为空间域图像，称变换后的图像为转换域图像，转换域图像可反变换为空间域图像。

4.1.1 拉伸

ENVI 5.4 中提供的常用拉伸方法有线性（linear，linear 1%，linear 2%，linear 5%）拉伸、均衡（Equalization）拉伸、高斯（Gaussian）拉伸、平方根（Square Root）拉伸等。

具体操作如下：

（1）启动 ENVI，打开影像并显示在窗体中（见实验数据/第 4 章图像增强/SPOT5.dat）。

（2）在窗体中的工具条上，选择拉伸工具，根据需要进行相应的拉伸（见图 4.1），如对原始图像(a)进行 2%的线性拉伸(b)、高斯拉伸(c)和均衡拉伸(d)等处理。

(a) 原始图像　　　　　　　　　　(b) 2%的线性拉伸

(c) 高斯拉伸　　　　　　　　　　(d) 均衡拉伸

图 4.1　图像拉伸

4.1.2　色彩空间变换与拉伸

ENVI 支持将 RGB 图像转换到一个特定的色彩空间，并进行逆变换重新转换回 RGB。特定的色彩空间有 HSV（色相、饱和度、明度）、HLS（色相、饱和度、亮度）和 HSV（USGS Munsell）。其中，色相（H）是色彩的基本属性，就是平常所说的颜色，如蓝色、红色等，取值范围为 0～360；饱和度（S）是指色彩的纯度，饱和度越高，色彩越纯，取值范围为 0～1；明度（V）和亮度（L）的取值范围为 0～1。下面以 RGB to HLS、HLS to RGB 为例介绍具体操作过程。

1．彩色正变换（RGB to HLS）

（1）打开图像数据（至少包含 3 个波段），以 RGB 的形式显示在主窗体中（参见实验数据/第 4 章图像增强/SPOT5.dat）。

（2）在工具箱中，选择 Transform → Color Transforms → RGB to HLS Color Transform，打开 RGB to HLS Input Bands 对话框（见图 4.2），选择图像的 3 个波段进行变换。

（3）单击 OK 按钮，设定输出路径和文件名，保存文件。RGB 转换成 HLS 的比较如图 4.3 所示。

图 4.2　RGB to HLS Input Bands 对话框

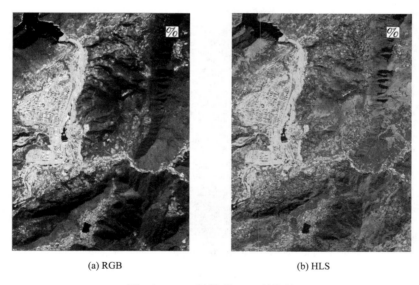

(a) RGB　　　　　　　　　(b) HLS

图 4.3　RGB 转换成 HLS 的比较

2. 彩色逆变换（HLS to RGB）

（1）在工具箱中，选择 Transform → Color Transforms → HLS to RGB Color Transform，打开 HLS to RGB Input Bands 对话框。

（2）将经过彩色正变换的图像作为输入图像。

（3）单击 OK 按钮，设定输出路径和文件名，保存文件。

注意：在进行彩色逆变换时，用全色图像替换 L 成分可提高图像的空间分辨率（即图像融合），但必须将全色图像的值域归一化到 0～1。

4.1.3　色彩拉伸

ENVI 中提供的色彩拉伸包括去相关拉伸、Photographic 拉伸和饱和度拉伸。

1. 去相关拉伸

多光谱遥感影像的各个波段之间有很高的相关性，这使得波段红绿蓝合成的图像色调变化有限而且饱和度低。去相关拉伸能够有效地放大相关程度低的那部分信息，提高合成图像的饱和度，保留色度特征，且波谱特性没有大的失真。操作过程如下：

（1）启动 ENVI，打开影像（参见实验数据/第 4 章图像增强/SPOT5.dat）。

（2）在工具箱中选择 Transform → Decorrelation Stretch，打开 Decorrelation Stretch Input Bands 对话框（见图 4.4）。

（3）选择三个波段作为输入图像。

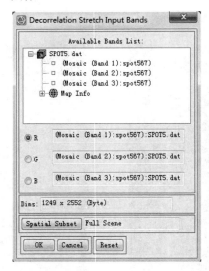

图 4.4　Decorrelation Stretch Input Bands 对话框

（4）单击 OK 按钮，设定输出文件名和路径，保存文件。去相关拉伸计算结果与原图像的比较如图 4.5 所示。

2. Photographic 拉伸

Photographic 拉伸可对一幅真彩色输入图像进行增强，生成一幅与目视效果良好吻合的 RGB 图像。操作过程如下：

（1）启动 ENVI，打开影像（参见实验数据/第 4 章图像增强/SPOT5.dat）。

（2）在工具箱中，选择 Transform → Photographic Stretch，打开 Photographic Stretch Input Bands 对话框。

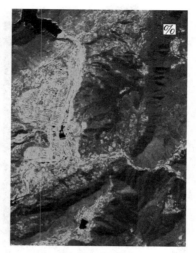

(a) SPOT5123　　　　　　　　　　　　　　(b)去相关拉伸计算结果

图 4.5　去相关拉伸计算结果与原图像的比较

（3）选择三个波段作为输入图像（见图 4.6）。

（4）单击 OK 按钮，设定输出文件名和路径，保存文件。Photographic 拉伸计算结果与原图像的比较如图 4.7 所示。

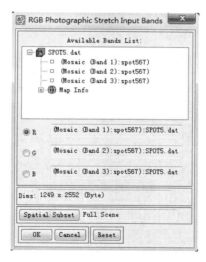

图 4.6　RGB Photographic Stretch Input Bands 对话框

3．饱和度拉伸

　　饱和度拉伸对输入的一幅三波段图像进行彩色增强。输入的数据由红、绿、蓝变换为色调、饱和度、颜色值。由于对饱和度波段进行了高斯拉伸，因此数据填满了整个饱和度范围。操作过程如下：

(a) SPOT5123　　　　　　　　　　(b) Photographic 拉伸计算结果

图 4.7　Photographic 拉伸计算结果与原图像的比较

（1）启动 ENVI，打开影像（参见实验数据/第 4 章图像增强/SPOT5.dat）。

（2）在工具箱中，选择 Transform → Saturation Stretch，打开 Saturation Stretch Input Bands 对话框（见图 4.8）。

（3）选择三个波段作为输入图像。

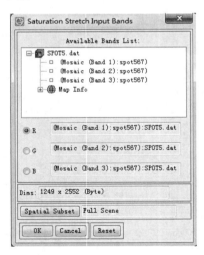

图 4.8　Saturation Stretch Input Bands 对话框

（4）单击 OK 按钮，设定输出文件名和路径，保存文件。饱和度拉伸计算结果与原图像的比较如图 4.9 所示。

(a) SPOT5123　　　　　　　　　　　　(b)饱和度拉伸计算结果

图 4.9　饱和度拉伸计算结果与原图像的比较

4.1.4　交互式直方图拉伸

直方图拉伸通过拉伸对比度来对直方图进行调整，从而"扩大"前景和背景灰度的差别，达到增强对比度的目的。选择 Display → Custom Stretch 可以打开交互式直方图拉伸操作窗口，对图像数据进行拉伸。具体操作如下：

（1）启动 ENVI Classic，打开影像（参见实验数据/第 4 章图像增强/TM5-lanzhou.dat），以 RGB 的形式显示在主窗体中；选择 Enhance → Interactive stretching，打开交互式直方图拉伸操作对话框（见图 4.10）。

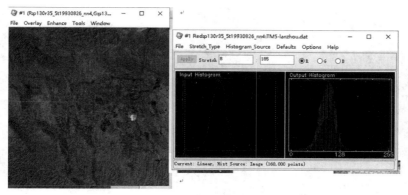

图 4.10　交互式直方图拉伸操作对话框

（2）在窗口中可以选择 R、G、B 三个波段之一，拉伸图像的某一波段。这里选择 Gaussian 方法对 R 波段进行拉伸。

（3）在对话框下方可选择下拉列表中的 Linear、Equalization、Gaussian 等拉伸方式，单击 Reset Dialog 按钮，可恢复拉伸方法到打开窗口之前的状态。R 波段拉伸后的结果见图 4.11。

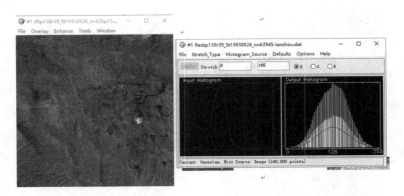

图 4.11　R 波段拉伸后的结果

4.1.5　直方图均衡化

直方图均衡化（Histogram Equalization）是使变换后图像灰度值的概率密度为均匀分布的映射变换方法，通过直方图均衡化处理，图像对比度得到了提高。直方图均衡化将改变：① 图像的灰度级；② 原有灰度级中的像素比例。经直方图均衡化处理后，直方图占据了整个图像灰度值的范围，增大了图像对比度，反映在图像上就是图像的许多细节看得比较清楚。

直方图均衡化的基本步骤如下：

（1）启动 ENVI Classic，打开并显示影像，选择单波段显示（参见实验数据/第 4 章图像增强/SPOT5.dat）。

（2）在主图像窗口的菜单栏下选择 Enhance → Interactive stretching，显示原图像直方图。

（3）在弹出的对话框菜单栏下选择 Enhance → Equalization，对图像进行直方图均衡化（见图 4.12）。

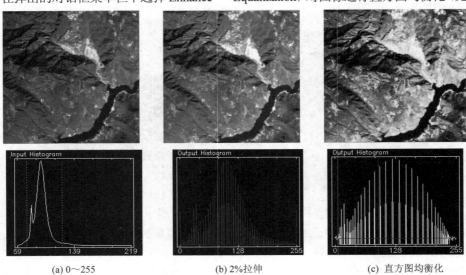

(a) 0～255　　　　　　　　(b) 2%拉伸　　　　　　　　(c) 直方图均衡化

图 4.12　图像拉伸、直方图均衡化及其直方图变化对比

4.1.6　直方图规定化

直方图规定化（Histogram Specification）又称直方图匹配（Histogram Matching），它以指定图像或理论的直方图为参考，进行图像直方图变换，目的是增强或对比图像显示，匀化图像镶嵌后的颜色。操作过程如下：

（1）启动 ENVI Classic，打开两个窗口显示两个波段，如波段 2 和波段 3（见图 4.13）。

图 4.13　分别在两个窗口显示波段 2 与波段 3

（2）在窗口 2 的菜单栏中选择 Enhance → Histogram Matching，出现 Histogram Matching Input Parameters 对话框（见图 4.14）。

（3）在 Match To 列表中选择要匹配的直方图影像显示号：Display #1。

（4）在 Input Histogram 下面，选择输入直方图的来源："Image"。

（5）单击 OK 按钮，得到窗口 2 影像经窗口 1 影像直方图规定化后的结果（见图 4.15）。

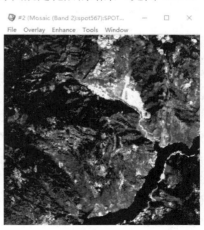

图 4.14　Histogram Matching Input Parameters 对话框

图 4.15　直方图规定化的结果

4.1.7　主成分分析

主成分分析（PCA）是使用 Principal Components 选项生成互不相关的输出波段，达到隔离噪声和减少数据集的维数的方法。由于多波段数据经常是高度相关的，主成分变换寻找一个原点在数据均值的新坐标系，通过坐标轴的旋转来使数据的方差达到最大，从而生成互不相关的输出波段。

主成分（PC）波段是原始波谱波段的线性合成，它们之间是互不相关的。一般情况下，第一主成分包含所有波段中 90%的方差信息，前三个主成分包含所有波段中的绝大部分信息。由于数据不相关，主成分波段可以生成颜色更多、饱和度更好的彩色合成图像。

ENVI 中提供主成分的正变换和逆变换。具体操作如下。

1．主成分正变换

（1）启动 ENVI，打开影像（参见实验数据/第 4 章图像增强/TM5-lanzhou.dat）。

（2）在工具箱中，选择 Transform → PCA Rotation → Forward PCA Rotation New Statistics and Rotate。在 Principal Components Input Files 对话框中，选择图像文件。

（3）在 Forward PC Parameters 对话框（见图 4.16）中，选择默认参数，设定输出路径和文件名，输出数据类型为 Floating Point。

（4）单击 OK 按钮，完成主成分正向变换。变换后的波段包括 7 个波段（见图 4.17），主要信息集中在第一主成分中，选择主成分变换波段合成 RGB 显示或单一主成分变换波段，观察不同主成分波段和合成的 RGB 图像特征（见图 4.18）。

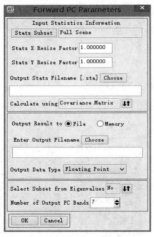
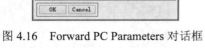

图 4.16　Forward PC Parameters 对话框　　　　图 4.17　PCA 计算后的波段组成

注意：进行主成分逆变换时，需要保存统计文件（.sta），但一般情况下不需要保存。

2．主成分逆变换

（1）在工具箱中，选择 Transform → PCA Rotation → Inverse PCA Rotation，选择逆变换图像文件，单击 OK 按钮。

（2）选择统计文件（.sta），单击 OK 按钮，完后主成分逆变换。

(a) 原始影像（TM543）　　　　　(b) 变换后的影像（PCA123）

图 4.18　主成分变换对比

4.1.8　缨帽变换

缨帽变换（Tasseled Cap）可以从 TM、ETM 数据中计算植被指数。操作过程如下：

（1）启动 ENVI，打开影像（参见实验数据/第 4 章图像增强/TM5-lanzhou.dat）。

（2）在工具箱中，选择 Transform → Tasseled Cap，在 Tasseled Cap Transform Input File 对话框中，选择图像文件，单击 OK 按钮。

（3）在 Tasseled Cap Transform Parameters 对话框中，根据数据类型，选择传感器类型，选择路径和文件名，单击 OK 按钮保存（见图 4.19）。在 Data Manager 对话框（见图 4.20）中有 6 个波段，其中亮度轴（Brightness）、绿度轴（Greenness）、湿度轴（Wetness）为变换后计算的主要目标。缨帽变换前后的结果如图 4.21 所示。

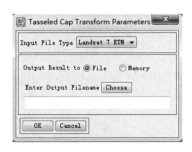

图 4.19　Tasseled Cap Transform Parameters 对话框　　　图 4.20　Data Manager 对话框

(a) 原始影像（TM543）　　　　　　（b) 变换后的影像（TM_B_G_W）

图 4.21　缨帽变换前后的结果对比

4.2　滤波增强

滤波常通过消除特定的空间频率来增强图像。空间频率通常描述亮度或 DN 值与距离的方差，图像包括多种不同的空间频率。

4.2.1　卷积增强

1. 卷积增强类型

卷积（Convolutions）滤波根据增强类型（低频、中频和高频）的不同可分为低通滤波、带通滤波和高通滤波。此外，还有增强图像某些方向特征的方向滤波等。它们的核心部分是卷积核。图像平滑滤波有低通（Low Pass）滤波、中值（Median）滤波和高斯低通（Gaussian Low Pass）滤波；图像锐化滤波有高通（High Pass）滤波、拉普拉斯（Laplacian）算子、Sobel 算子、Robert 算子、方向（Directional）滤波，也可以自定义卷积核。下面以高通滤波为例，介绍具体操作。

（1）打开图像数据文件（参见实验数据/第 4 章图像增强/TM5-lanzhou.dat）（见图 4.22）。

（2）选择 Filter → Convolutions and Morphology，打开 Convolutions and Morphology Tools 对话框（见图 4.23），单击 Convolutions 按钮，选择高斯高通滤波类型（High Pass Gaussian）。

 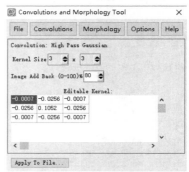

图 4.22　图像数据文件　　　　　　图 4.23　Convolutions and Morphology Tool 对话框

（3）卷积核大小（Kernel Size）：以奇数表示，如 3×3、5×5 等。

（4）图像加回值（Image Add Back）：将原始图像中的一部分"加回"到卷积（高斯滤波）滤波结果图像上，有助于保持图像的空间连续性。该方法常用于图像锐化，本实验设置为 80。

（5）编辑卷积核值（Editable Kernel）：双击文本框可编辑卷积核值，选择 File 保存（Save Kernel）或打开（Restore Kernel）一个卷积核文件。

（6）设置好卷积滤波参数后，单击 Apply To File 按钮，选择图像文件。

（7）选择输出路径及文件名，保存文件，显示结果（见图 4.24）。

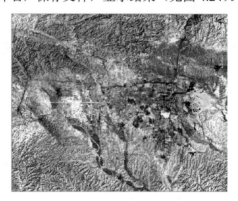

图 4.24　高斯高通滤波后的结果

注意：在进行卷积滤波时，可根据不同需要选择不同的波段。

2．各种滤波器说明

1）高通（High Pass）滤波器

高通滤波器在保持高频信息的同时，消除图像中的低频成分。它可以增强纹理、边缘等信息，使图像锐化。ENVI 默认的高通滤波器使用 3×3 的变换核，高通滤波变换核的维数是奇数。

2）低通（Low Pass）滤波器

低通滤波保存图像中的低频成分，使图像平滑。ENVI 默认的低通滤波器使用 3×3 的变换核，每个变换核中的元素包含相同的权重，使用外围值的均值来代替中心像素。

3）方向（Directional）滤波器

方向滤波器是第一个派生的边缘增强滤波器，它有选择性地增强特定方向成分（如梯度）的图像特征。方向滤波器变换核元素的总和为"0"。在输出图像中，有相同像元值的区域均为"0"，有不同像元值的区域呈现为较亮的边缘。

4）拉普拉斯（Laplacian）滤波器

拉普拉斯滤波器是第二个派生的边缘增强滤波器，它的运行不用考虑边缘的方向。拉普拉斯滤波器强调图像中的最大值，它运用一个具有高中心值的变换核来完成。ENVI 中默认的拉普拉斯滤波器使用一个大小为 3×3 的算子，所有拉普拉斯滤波器变换核的维数都必须是奇数。

5）中值（Median）滤波器

中值滤波器在保留大于变换核的边缘的同时，平滑图像。这种方法对于消除椒盐噪声或斑点非常有效。ENVI 默认的变换核大小为 3×3，用一个被滤波器大小限定的邻近区的中值（不要与平均值混淆）代替每个中心像元值。

6）Sobel 滤波器

Sobel 滤波器非线性地增强边缘，它是使用 Sobel 函数的近似值的特例，也是一个预先设置变换核为 3×3 的非线性边缘增强的算子。滤波器的大小不能更改，也无法对变换核进行编辑。

7）Robert 滤波器

Robert 滤波器是一个类似于 Sobel 的非线性边缘检测滤波器，它是使用 Robert 函数预先设置的 2×2 近似值的特例，也是一个简单的二维空间差分方法，用于边缘锐化和分离。滤波器的大小不能更改，也无法对变换核进行编辑。

4.2.2　形态学滤波

1．形态学滤波类型

数学形态学滤波包括膨胀（Dilate）、腐蚀（Erode）、开运算（Opening，先腐蚀后膨胀）和闭运算（Closing，先膨胀后腐蚀）。数学形态学滤波的操作过程和卷积滤波的基本一样，区别在于形态学滤波需设置滤波的重复次数和滤波格式。操作过程如下：

（1）在工具箱中，选择 Filter → Convolutions and Morphology，在 Convolutions and Morphology Tool 对话框（见图 4.25）中单击 Morphology 按钮，选择滤波器闭运算 Closing。

（2）单击 Apply To File 按钮，在 Morphology Input File 对话框中，选择 4.1.5 节主成分分析中的结果，对其进行闭运算，最后选择 4、3、2 波段组合显示结果图像（见图 4.26）

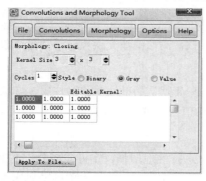

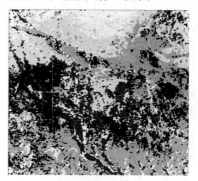

图 4.25　Convolutions and Morphology Tool 对话框　　　　图 4.26　闭运算滤波结果

2．各种滤波器说明

1）膨胀滤波器（Dilate Filters）

膨胀滤波器用于在二值或灰阶图像中填充比结构元素（变换核）小的孔。只能用于 unsigned byte、unsigned long-integer 和 unsigned integer 数据类型。

2）腐蚀滤波器（Erode Filters）

腐蚀滤波器用于在二值或灰阶图像中填充比结构元素（变换核）小的孔。

3）开运算滤波器（Opening Filters）

开运算滤波器可用于平滑图像边缘、打破狭窄地峡（break narrow isthmus）、消除独立像元、锐化图像最大值/最小值信息。图像的开运算滤波定义为先对图像进行腐蚀滤波，后用相同的结构元素（变换核）进行膨胀。

4）闭运算滤波器（Closing Filters）

闭运算滤波器可用于平滑图像边缘、融合窄缝和长而细的海湾、消除图像中的小孔、填充图像边缘的间隙。图像的闭运算滤波器定义为先对图像进行填充滤波，后用相同的结构元素（变换核）进行腐蚀。

4.2.3　自适应滤波

1．自适应滤波类型

自适应滤波运用围绕每个像元的方框中的像元的标准差来计算一个新的像元值。不同于典型的低通平滑滤波，自适应滤波在抑制噪声的同时，保留了图像的锐化信息和细节。ENVI 提供的自适应滤波器包括 Lee 滤波器、Enhanced Lee 滤波器、Frost 滤波器、Enhanced Frost 滤波器、Gamma 滤波器、Kuan 滤波器、局部 Sigma 滤波器和 Bit Errors 滤波器。下面以 Lee 滤波器为例介绍操作过程。

（1）启动 ENVI，打开一个图像文件（见实验数据/第 4 章图像增强/TM5-lanzhou.dat）（见图 4.27）。

图 4.27　TM-lanzhou 图像（波段 4、3、2 显示）

（2）在工具箱中，选择 Filter → Lee Filter，在 LEE Filter Input File 中，选择文件 TM-lanzhou.dat，在 LEE Filter Parameter 对话框中设置滤波器大小、噪声模型等参数（见图 4.28），本实验选择默认参数。选择输出路径及文件名，保存文件，显示自适应滤波结果（见图 4.29）。

2．各种滤波器说明

1）Lee 滤波器

Lee 滤波器用于平滑强度与图像密切相关的噪声数据（斑点）及附加和/或倍增的噪声，是一个基于标准差（δ）的滤波器，它根据单独滤波器窗口中计算出的统计对数据进行滤波。不同于典型低通平滑滤波器，Lee 滤波器和其他类似的 δ 滤波器在抑制噪声的同时，保留了图像的锐化信息和细节。被滤掉的像元将使用由周围像元计算出的值代替。

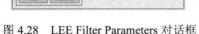

图 4.28　LEE Filter Parameters 对话框　　　图 4.29　自适应滤波结果

2）Enhanced Lee 滤波器

Enhanced Lee 滤波器可在保持雷达图像纹理信息的同时减少斑点噪声。它是 Lee 滤波器的改进，也同样根据单独滤波窗口中计算出的统计（方差系数）对数据进行滤波。每个像元都被分到 3 个类型中：相似像元、差异像元和指向目标像元。

3）Frost 滤波器

Frost 滤波器可在保留雷达图像中的边缘的同时减少斑点噪声。它是使用局部统计的按阻尼指数循环的均衡滤波器。被滤除的像元值将被某个值代替，该值根据像元到滤波器中心的距离、阻尼系数和局部方差来计算。

4）Enhanced Frost 滤波器

Enhanced Frost 滤波器可在保持雷达图像纹理信息的同时减少斑点噪声。它是 Frost 滤波器的改进，也同样根据单独滤波窗口中计算出的统计（方差系数）对数据进行滤波。每个像元被分到 3 个类型：相似像元、差异像元和指向目标像元。

5）Gamma 滤波器

Gamma 滤波器可在保留雷达图像中边缘信息的同时减少斑点噪声。它类似于 Kuan 滤波器，但假定数据呈 γ 分布。被滤除的像元值将被基于局部统计的计算值代替。

6）Kuan 滤波器

Kuan 滤波器可在保留雷达图像中边缘的情况下减少斑点噪声。它将倍增的噪声模型变换为一个附加的噪声模型。这一滤波器类似 Lee 滤波器，但有一个不同的权重函数。被滤除的像元值将被基于局部统计的计算值代替。

7）局部 Sigma 滤波器

局部 Sigma 滤波器在对比度较低的区域也能很好地保留细节并有效地减少斑点噪声。它运用为滤波器变换核计算出的局部标准差，判定滤波器窗口内的有效像元。它只用滤波器变换核中的有效像元计算出的平均值来代替被滤除像元的值。

8）Bit Error 滤波器

使用 Bit Error 滤波器可以消除图像中的比特误差噪声。比特误差噪声通常是图像中孤立像元导致的"spikes"，它使得图像呈现"椒盐"外观。ENVI 中比特误差噪声的消除是通过使用一个自适应算法，用周围像元的平均值代替"spikes"像元实现的。滤波器变换核中的局部统计（均值和标准差）被用来为有效像元设置的一个阈值。

4.2.4　傅里叶变换

傅里叶变换（FFT）能将满足一定条件的某个函数表示成三角函数（正弦和/或余弦函数）或它们的积分的线性组合。傅里叶变换将图像从空间域转换到频率域，主要用于消除周期性噪声，还可以消除由于传感器异常导致的规律性错误。

1．正向傅里叶变换（FFT）

正向傅里叶变换（Forward FFT）生成的图像能显示水平和垂直方向上的频率成分。图像的平均亮度显示在变换后图像的中心。操作过程如下：

（1）打开一个图像文件并显示（参见实验数据/第 4 章图像增强/WV2-pan.dat）（见图 4.30）。

（2）在工具箱中，选择 Filter → FFT (Forward)。在 Forward FFT Input Files 对话框（见图 4.31）中，选择输入图像文件。需要注意的是，输入图像的行列数必须为偶数。

图 4.30　WorldView2-pan 图像（800×800）

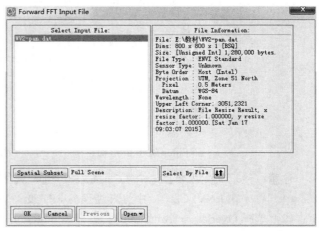

图 4.31　Forward FFT Input Files 对话框

（3）在 Forward FFT Parameters 对话框中，选择输出路径及文件名，保存图像。加载经过 FFT 变换的图像以显示在窗体中（见图 4.32），图中中间很亮的部分集中了图像的低频信息；外围较暗的部分集中了图像的高频信息。若图像中存在较为明显的小白条，即为周期性噪声，方向与空间域中的图像垂直。

图 4.32　频率域窗口图像

2．定义 FFT 滤波器

ENVI 中可以交互式地直接定义滤波器，也可以通过在显示的正向变换图像中绘制来定义滤波器。对于低通（low Pass）、高通（High Pass）、带通（Band Pass）、带阻（Band Cut）滤波器，可直接在窗口中输入参数。这些参数均以频率域图像的中心为中心。ENVI 默认为低通滤波器。下面以用户自定义滤波器（User）为例介绍具体操作过程。

（1）打开一个图像文件并显示（参见实验数据/第 4 章图像增强/WV2-pan.dat）。

（2）在工具箱中，选择 Filter → FFT Filter Definition。在 Filter Definition 对话框（见图 4.33）中，选择 Filter Type → User Defined Cut。

（3）选择输出滤波器文件的路径和文件名（Filter Definition），单击 Apply 按钮，输出的滤波器为 0 和 1 的二值图（见图 4.34）。

图 4.33　Filter Definition 对话框

图 4.34　用户自定义滤波器的效果图

注意：注记文件需要在 ENVI Classic 中创建，具体步骤如下：

（1）首先在 ENVI Classic 中打开经正向 FFT 变换后的图像（见图 4.35）。

（2）选择 Overlay → Annotation，打开 Annotation 对话框，在对话框中选择 Object → Eclipse；为构建一个对称的滤波器，可选择 Options → Turn Mirror On；选择注记的颜色、填充类型、线型等，如图 4.36 所示。

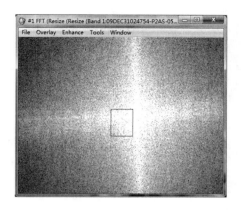

图 4.35　正向 FFT 变换后的图像　　　　　　图 4.36　注记参数设置

（3）在主图像窗口中绘制椭圆注记（见图 4.37），最后选择 File → Save Annotation 保存注记。

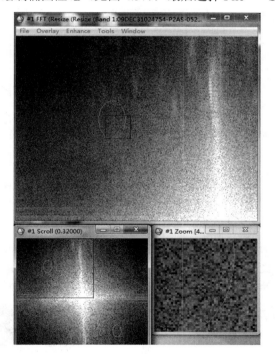

图 4.37　在噪声区域中绘制的椭圆注记

3．反向 FFT 变换

傅里叶逆变换时，先对图像进行 FFT 滤波，然后将 FFT 图像反变换回空间域。操作过程如下：

（1）在工具箱中，选择 FFT Filter → FFT（Inverse）。在 Inverse FFT Input File 对话框中（见图 4.38），选择正向傅里叶变换图像，单击 OK 按钮。

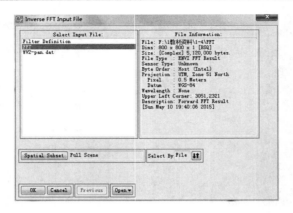

图 4.38　Inverse FFT Input File 对话框

（2）在 Inverse FFT Filter File 对话框（见图 4.39）中，选择已定义好的滤波器，单击 OK 按钮。

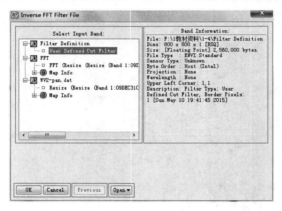

图 4.39　Inverse FFT Filter File 对话框

（3）在 Inverse FFT Parameters 对话框（见图 4.40）中，将输出数据类型设置为 Unsigned Int，选择输出路径及文件名，保存图像（图像输出的数据类型应和实验数据类型保持一致）。

（4）反向滤波处理后的图像如图 4.41 所示，图上的地物较原图更为清晰。

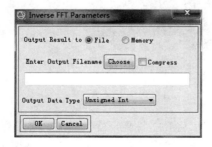

图 4.40　Inverse FFT Parameters 对话框

图 4.41　反向 FFT 变换后的图像

4.3　纹理分析

纹理是影像灰度值在空间上的变化,它反映了影像灰度的性质和空间拓扑关系。纹理不但是一种局部的空间结构信息,而且具有平移不变性、层次性、确定性,以及随影像分辨率变化而表现不同等一系列复杂特征。因此,纹理是遥感影像中最重要的空间信息之一,用它可以辅助影像的识别和分类[20]。

ENVI 中支持基于概率统计或二阶概率统计的纹理特征计算。

4.3.1　基于概率统计的滤波

使用 Occurrence-Based 选项可以应用 5 个不同的基于概率统计的纹理滤波。概率统计滤波可以利用的是数据范围(Data Range)、均值(Mean)、方差(Variance)、信息熵(Entropy)和偏斜(Skewness)。概率统计把处理窗口中每个灰阶出现的次数用于纹理计算。具体操作过程如下:

图 4.42　Occurrence Texture
Parameters 对话框

(1)打开图像文件 TM-lanzhou.dat。

(2)在工具箱中,选择 Filter → Occurrence Measures。在 Texture Input File 对话框中选择图像文件,单击 OK 按钮。

(3)在 Occurrence Texture Parameters 对话框中(见图 4.42),在 Textures to Compute 下复选纹理类型,选择要创建的纹理图像。

(4)在 Rows(Y)和 Cols(X)文本框中,键入处理窗口的大小。

(5)选择输出路径及文件名,单击 OK 按钮,开始处理。所选纹理图像将计算出来并放在图层管理器(Layer Manager)中。本节以均值(Mean)、方差(Variance)为例。滤波计算的结果与原图像的对比如图 4.43 所示,显示时均进行了 2% 的线性拉伸处理。

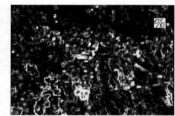

(a) TM543 影像　　　　　　(b) 均值滤波结果　　　　　　(c) 方差滤波结果

图 4.43　基于概率统计的滤波计算结果对比

4.3.2　基于二阶概率统计的滤波

使用 Co-occurrence-Based 选项可以应用 8 个基于二阶矩阵的纹理滤波,这些滤波包括均值(Mean)、方差(Variance)、协同性(Homogeneity)、对比度(Contrast)、相异性(Dissimilarity)、信息熵(Entropy)、二阶矩(Second Moment)和相关性(Correlation)。

二阶概率统计用一个灰色调空间相关性矩阵来计算纹理值，这是一个相对频率（即像元值在两个邻近的由特定距离和方向分开的处理窗口中的出现频率）矩阵，显示了一个像元及其特定邻域之间关系的发生数。操作过程如下：

（1）打开图像文件 TM5-lanzhou.dat。

（2）在工具箱中，选择 Filter → Co-occurrence Measures。在 Texture Input File 对话框中选择图像文件，单击 OK 按钮。

（3）在 Co-occurrence Texture Parameters 对话框（见图 4.44）中，在 Textures to Compute 下复选纹理类型，选择要创建的纹理图像。

图 4.44　Co-occurrence Texture Parameters 对话框

（4）在 Rows(Y)和 Cols(X)文本框中，输入处理窗口的大小。

（5）键入 X、Y 变换值（Co-occurrence Shift），计算二阶概率矩阵。

（6）选择灰度量化级别（Greyscale quantization levels）：64、32、16、None，默认值为 64。

（7）选择输出路径和文件名。单击 OK 按钮，开始处理。所选的纹理图像将计算出来并放在图层管理器（Layer Manager）中。本实验以均值（Mean）、方差（Variance）为例，滤波计算结果与原图像的对比如图 4.45 所示，显示时均进行了 2%的线性拉伸处理。

(a) TM543 影像　　　　　　　　(b) 均值滤波结果　　　　　　　　(c) 方差滤波结果

图 4.45　基于二阶概率统计的滤波计算结果对比

第5章 图像分类

本章主要内容：

- 非监督分类
- 监督分类
- 决策树分类
- 分类后处理
- 精度评价

5.1 遥感图像分类简介

遥感图像分类就是利用计算机对遥感图像中各类地物的光谱信息和空间信息进行分析，选择特征，并用一定手段将特征空间划分为互不重叠的子空间，然后将图像中的各个像素划归到各子空间[21]。遥感图像分类是模式识别技术在遥感领域的具体应用。

目前最常见的分类方法有监督分类、非监督分类、决策树分类等。其中监督分类和非监督分类根据是否需要事先确定训练样本对计算机分类器进行训练和监督分类，决策树分类根据自定义的分类规则从原始影像中层层分离并掩膜每种目标作为一个类型。

在实际应用过程中，要根据需要选择合适的分类方法。本章结合 TM 影像数据（实验数据\第 5 章图像分类）介绍图像分类过程。

注意：本章所有参数设置均为演示所用，不代表各种分类方法的实际分类效果，请读者在操作时根据实际图像状况自行调节参数。

1 . 非监督分类

非监督分类（Unsupervised Classification），也称"聚类"或"点群分类"，是指在包含若干光谱信息的遥感图像中寻找、定义自然相似的光谱群的过程。其最大的特点是不需要取得对图像地物的先验知识，仅依靠图像上不同类地物的光谱/纹理信息进行特征提取，再根据统计提取特征的差别来进行分类，最后由人工对分类结果进行实际属性的确认。

2 . 监督分类

监督分类（Supervised Classification），又称"训练分类"。与非监督分类刚好相反，监督分类最大的特点是需要图像地物的先验知识。整个过程可以简单理解为让算法学习被确认了类别的训练样本，进而去识别其他未知类别的像元。其中先验知识即训练样本，可以由野外调查、目视解译等方法获得。监督分类算法对每类训练样本进行特征提取，根据提取的特征对自身的判决函数进行训练，进而让判决函数区分各种样本类别。随后用训练好的判决函数对其他待分类数据进行分类，将每个待分类像元都划分到与其最相似的已知类别中。

3．决策树分类

基于专家知识的决策树分类（Decision Tree）是指通过遥感数据及其他辅助空间数据，经由人工经验总结和数学归纳，获得一系列区分地物类别规则的分类方法。其最大的特点是易于理解，且分类过程符合人的认知过程。

5.2 非监督分类

非监督分类仅用统计方法对数据集中的像元进行分类，无须定义任何类别的训练样本。其中主要包含 ISODATA 分类和 K-Means 分类两种分类技术。

5.2.1 ISODATA 分类

ISODATA 分类是一种重复自组织数据分析技术。原理是先计算数据空间中均匀分布的类均值，然后用最小距离技术对剩余像元进行迭代聚合，每次迭代都进行新的均值计算，并用这个新值对像元进行再分类。其操作步骤如下：

（1）选择 File → Open，找到待分类的遥感影像"分类区域.dat"，单击"确定"按钮。

（2）选择 File → Data Manager，在弹出的窗体中单击下方的 Band Selection，然后依次单击上方列表中的 Band3、Band2 和 Band1。最后单击 Load Data 按钮，如图 5.1 所示。

（3）在工具箱中选择 Classification → Unsupervised Classification，在所出现窗口右侧的目录下选择 ISODATA 分类（ISODATA classification），在打开的文件输入对话框中选择待分类的影像"分类区域.dat"，单击 OK 按钮打开 ISODATA Parameters 设置对话框（见图 5.2）。

图 5.1　选择波段

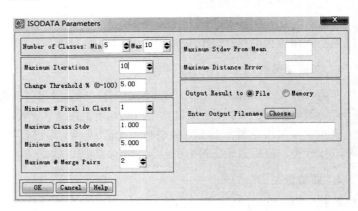

图 5.2　ISODATA Parameters 对话框

ISODATA 各参数的含义如下：

（1）Number of Classes 项设置类别数量范围。其中最小值不能小于最终分类个数，最大值一般为最终分类个数的 2～3 倍。

（2）Maximum Iterations 项设置最大迭代次数。迭代次数越多，分类越精细，但相应的效率也会降低。

（3）Change Threshold 项设置变换阈值。当每类变化像元数小于阈值时，结束迭代过程，值越小，分类结果越精细，运算量也会相应变大。

（4）Minimum # Pixel in Class 项设置分类类型中的最小像元数。若某类像元数小于最小像元数，则归并到邻近分类类型中。

（5）Maximum Class Stdv 项设置最大分类标准差。若某一类型标准差大于该值，则拆分为两类。

（6）Minimum Class Distance 项设置类别均值间的最小距离。若类均值之间的距离小于该值，则合并为一类。

（7）Maximum # Merge Pairs 项设置合并类别最大值。

（8）Maximum Stdev From Mean（可选）项设置距离类别均值的最大标准差。小于该值的像元参与分类。

（9）Maximum Distance Error（可选）项设置允许最大距离误差。

（10）Output Result to 项选择分类输出路径及文件名。

其中 Number of Classes 选项中的 Min 为 5，同时设置 Maximum Iterations 为 10。设置输出路径及文件名，完成后单击 OK 按钮执行分类，分类结果如图 5.3 所示。

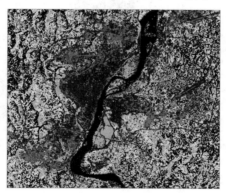

图 5.3　ISODATA 分类结果

5.2.2　K–Means 分类

K-Means 非监督分类的原理是，先计算数据空间中均匀分布的初始类别的均值，然后用最小距离技术对像元进行迭代聚合，每次迭代都进行新的类别均值计算，并用新的均值对像元进行再分类。K-Means 分类的步骤如下：

（1）打开图像，操作步骤同 ISODATA 分类。

（2）选择波段，操作步骤同 ISODATA 分类。

（3）在工具箱中选择 Classification → Unsupervised Classification，在所出现窗口右侧的目录下选择 K-Means Classification。打开的 K-Means Parameters 对话框，如图 5.4 所示。

K-Means 分类参数含义及设置如下：

1）Number of Classes（类型数量）：一般为最终输出分类数量的 2～3 倍。

2）Change Threshold %（0-100）（变化阈值）：若每类的像元数目变化小于此数值，则迭代停止。

3）Maximum Iterations（最大迭代次数）：一般来说迭代次数越大，结果越精确，但消耗的时间越长。

4）Maximum Stdev From Mean（距离类别均值的最大标准差）：可选项，筛选小于这个标准差的像元参与分类。

5）Maximum Distance Error（允许的最大距离误差）：可选项，筛选小于这个最大距离误差的像元参与分类。

为了与 ISODATA 分类比较，我们依然设置 Number of Classes 为 5，设置 Maximum Iterations 为 10。设置输出路径及文件名，单击 OK 按钮开始分类，结果如图 5.5 所示。

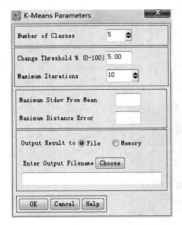

图 5.4　K-Means Parameters 对话框

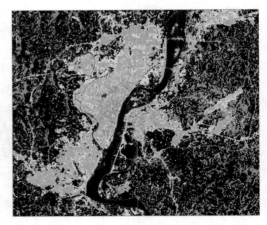

图 5.5　K-Means 分类结果

5.2.3　类别定义与子类合并

非监督分类只是对影像进行了初始分类，因此需要对分类结果定义类别并进行子类的合并。

第一步　类别定义

类别定义的根据可以是特定波段组合后的经验知识判断，或高分辨率影像目视解译，也可以是野外实地调查。本节直接对被分类的 TM 影像进行目视解译。

（1）打开需要目视解译的 TM 影像并显示。

（2）打开 TM 非监督分类结果并显示。

（3）在 Layer Manager 中，应能看到图 5.6 所示的界面。在 Classes 中右键单击，选择 Hide All

Classes 菜单，然后选中 Class1，只显示 Class1 这一类别，通过目视解译识别出该类的名称。读者会发现，通常非监督分类的分类结果并不准确，存在很多错误分类，需要修改使其并入其他类别。这一操作目前只能在 ENVI 4.x 或 ENVI Classic 中进行，因此希望读者自行查阅相关资料。

（4）在工具箱中，双击 Raster Management → Edit ENVI Header，在弹出的 File Selection 对话框中选择分类结果文件，单击 OK，弹出如图 5.7 所示的 Edit ENVI Header 窗口。

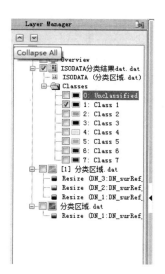

图 5.6　显示 TM 影像和分类结果影像　　　图 5.7　Edit ENVI Header 窗口

（5）在图 5.7 所示的 Edit ENVI Header 窗口中下拉滚动条，在 Class Names 输入框中输入读者自行定义的类别名称，在 Class Colors 中可以修改颜色，如图 5.8 所示。

（6）重复以上步骤，定义其他类别。

本书重定义了 8 个类别，如图 5.9 所示。

注意：需要重新打开分类后的文件。在 ENVI 5.4 中，每次单击 OK 按钮保存修改的图像头文件信息时，图像会被自动关闭。因此，建议一次性全部重定义好，再单击 OK 按钮进行保存。

第二步　合并子类

由于我们在进行非监督分类时，设定的类型数量是大于实际数量的，因此还要对重定义的类型进行合并。下面简单介绍其步骤：

（1）在工具箱中选择 Classification → Post Classification → Combine Classes。在弹出的 Combine Classes Input File 对话框中选择已定义好的分类结果，单击 OK 按钮，弹出如图 5.10 所示的 Combine Classes Parameters 窗口。

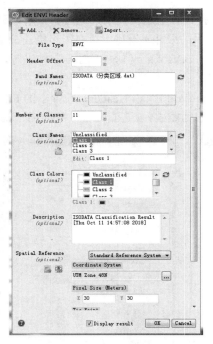

图 5.8　参数设置窗口　　　　　图 5.9　最终重定义的类别

（2）在 Combine Classes Parameters 窗口中，于 Select Input Class 中选择要被合并的类别，于 Select Out Class 中选择并入的类别。单击 Add Combination 按钮添加到合并类别中。合并结果显示在 Combined Classes 中。单击 Combined Classes 列表中的一项，可从方案中将其移除。

（3）完成类型合并后，单击 OK 按钮开始执行。随后会弹出 Combine Classes Output 对话框，可以设置 Remove Empty Classes 为 Yes 来移除被归并的类。

（4）单击 OK 按钮开始执行，最终的合并结果如图 5.11 所示。

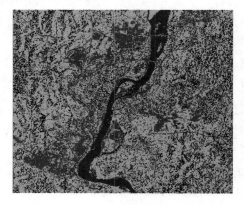

图 5.10　Combine Classes Parameters 窗口　　　图 5.11　ISODATA 非监督分类合并后的结果

5.3　监督分类

监督分类（Supervised Classification）又称训练场地法，它基于训练样本，以概率统计理论为基础，即在具有遥感影像样本区分类类别属性的先验知识基础上，采集训练区的样本创建训练分类器，进而对整幅影像进行类型划分，将每个像元归并到对应的类别中。

监督分类一般分为三个步骤：① 创建训练样本；② 执行监督分类；③ 分类评价及分类后处理。

5.3.1　选取训练样本

在分析选取样本之前，先了解一下 ENVI 的样本选取方式。ENVI 中的样本区域也是"感兴趣区"，即 Region of Interest (ROI)。也就是说，训练样本的选取，就是 ROI 的创建。

根据目视解译，原始 TM 影像中的地物类别有 5 类：a. 水体；b. 城镇；c. 裸地；d. 林地；e. 其他植被。

第一步　新建矢量图层创建训练样本

（1）在 ENVI 5.4 主窗体左侧的 Layer Manager（图层管理器）中，在"分类区域.dat"图层上单击右键，选择 New Region Of Interest，打开如图 5.12 所示的 Region of Interest (ROI) Tool 窗口进行参数设置。

图 5.12　Region of Interest (ROI) Tool 窗口

下面以地物类别"水体"为例介绍 ROI 的创建。

1）在 Region of Interest (ROI) Tool 窗口中设置以下参数：ROI Name：水体；颜色选择为蓝色。

2）默认 ROI 绘制类型为多边形（即图 5.13 中 Geometry 选项卡下被选中的红色图形），在影像上辨别水体区域并单击鼠标左键开始绘制多边形样本，一个多边形绘制结束后，双击鼠标左键或单击鼠标右键，选择 Complete and Accept Polygon，完成一个多边形样本的选择；一个 ROI 中可包含 n 个多边形或其他形状的记录（record）。在绘制时可根据具体情况选择合适的形状。

3）采用同样的方法，在图像的其他区域绘制其他样本，样本尽量均匀分布在整个图像上。

4）这样就为水体选好了训练样本。要对某个样本进行编辑，可在样本上单击右键，选择 Edit Record，选择 Delete Record 则删除样本。

如果不小心关闭了 Region of Interest (ROI) Tool 窗口，可在 Layer Manager（图层管理器）中的某类样本（感兴趣区）上双击鼠标，重新编辑该类 ROI。

（2）在图像上右键单击并选择 New ROI，按照以上步骤依次添加好之前目测的"城镇""裸地""林地""其他植被"四类 ROI。本章中的 ROI 颜色设置如图 5.13 所示，不过读者在分类中可能还会发现分类结果出现了未设置过的黑色，一般发生这种情况是因为有的像元不符合分类标准，被分类器设为"未知"。

（3）选好的样本如图 5.14 所示。

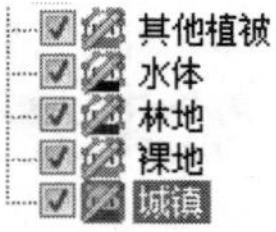

图 5.13　ROI 颜色设置

第二步　训练样本评价

这一步主要评价样本的可分离性。在任意一个 Region of Interest (ROI) Tool 窗口上选择 Option → Compute ROI Separability（见图 5.15），弹出 Choose ROIs 窗口（见图 5.16），选中几类样本，单击 OK 按钮。

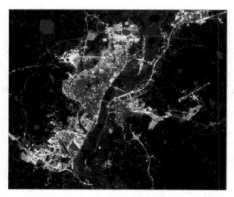

图 5.14　训练样本

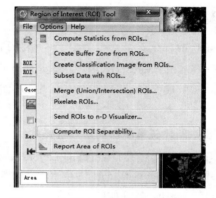

图 5.15　选择 Compute ROI Separability

在单击 OK 按钮之后，计算机会进行简单的计算，得到如图 5.17 所示的样本分离度报告。

图 5.16　Choose ROIs 窗口

图 5.17　样本分离度报告

其中各个样本类型之间的可分离性用 Jeffries-Matusita 和 Transformed Divergence 参数表示，一般来说这两个参数的值为 0～2.0，大于 1.9 说明样本之间的可分离性好，属于合格样本；小于 1.8，就需要编辑样本或重新选择样本；小于 1，就要考虑将两类样本合成一类样本。

需要合并样本时，可在 Region of Interest (ROI) Tool 窗口中选择 Options → Merge (Union/Intersection) ROIs，在出现的 Merge ROIs 窗口中，选择需要合并的类别，并选择 Delete Input ROIs。

通常，为了后续工作，还需要保存 ROI 的选择结果。可在 Layer Manager（图层管理器）中选择 Region of Interest，然后单击右键，在出现的菜单中选择 Save As，将其保存为.xml 格式的样本文件。值得注意的是，在 ENVI 4.x 中，ROI 文件的后缀名为".roi"，而新版本 ROI 文件的后缀名为".xml"，但新版本完全兼容.roi 文件。

5.3.2　执行监督分类

监督分类的分类器在 Toolbox → Classification → Supervised Classification 下，包括 12 种类型的分类器。监督分类算法的简要介绍如表 5.1 所示。

表 5.1　监督分类算法简介

分 类 算 法	说　　明
自适应相干估计器（Adaptive Coherence Estimator）	对物质进行识别，该算法返回的值在-1 到 1 之间，越接近 1 说明匹配效果越好
二进制编码（Binary Encoding）	
约束能量最小化（Constrained Energy Minimization）	
马氏距离（Mahalanobis Distance）	计算输入图像到各训练样本的协方差距离（一种有效计算两个未知样本集的相似度的方法），最终协方差距离最小的，即为此类别
最大似然（Maximum Likelihood）	假设每个波段的每类统计都呈正态分布，计算给定像元属于某一训练样本的似然度，像元最终被归到似然度最大的一类
最小距离（Minimum Distance）	利用训练样本数据计算每类的均值矢量和标准差矢量，然后以均值矢量作为该类在特征空间中的中心位置，计算输入图像中每个像元到各类中心的距离，到哪一类中心的距离最小，该像元就归入哪一类
神经网络（Neural Net）	指用计算机模拟人脑的结构，用许多小的处理单元模拟生物神经元，用算法实现人脑的识别、记忆、思考过程
正交子空间投影（Orthogonal Subspace Projection）	该算法将测试样本正交投影到由各类训练样本生成的子空间中，并计算测试样本到各子空间的距离，以此作为分类的依据
平行六面体（Parallelepiped）	根据训练样本的亮度值形成一个 n 维的平行六面体数据空间，其他像元的光谱值若落在平行六面体任何一个训练样本所对应的区域，就被划分到其对应的类别中
波谱角映射器（Spectral Angle Mapper）	在 n 维空间将像元与参照波谱进行匹配，通过计算波谱间的相似度，之后对波谱之间的相似度进行角度的对比，较小的角度表示更大的相似度
光谱信息散度（Spectral Information Divergence）	光谱信息散度（SID）是一种光谱分类方法，它以像元为单位利用散度来匹配参考光谱。散度越小，像元越相似。测量值若大于指定的散度阈值，则不参与分类
支持向量机（Support Vector Machine）	支持向量机（SVM）分类是一种建立在统计学习理论（Statistical Learning Theory, SLT）基础上的机器学习方法。SVM 可以自动寻找那些对分类有较大区分能力的支持向量，由此构造分类器，将类与类之间的间隔最大化，因而有较好的推广性和较高的分类准确率

根据需要及精度选择合适的分类器进行分类。下面介绍常用的最大似然、最小距离、神经网络

与支持向量机监督分类法。

1．最大似然分类法

最大似然分类法假设每个波段中各类数据统计呈正态分布，计算给定像元属于某一训练样本的似然度，并将该像元划分到似然度最大的一类中。

在 Toolbox 右侧的监督分类（Supervised Classification）列表下，选择最大似然分类（Maximum Likelihood Classification），在打开的文件输入对话框中选择 TM 分类影像，单击 OK 按钮，打开最大似然参数设置对话框（见图 5.18）。

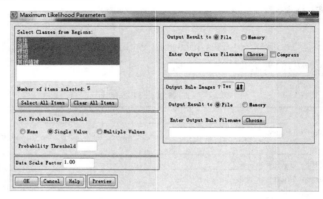

图 5.18　Maximum Likelihood Parameters 对话框

参数介绍：

（1）Select Classes from Regions：列出创建的训练样本，单击 Select All Items 按钮选择全部。

（2）Set Probably Threshold：设置似然度阈值（0～1），似然度小于该阈值的像元不划分到该类中。None：不设置标准差阈值；Single Value：为所有训练样本设置一个似然度阈值；Multiple Values：分别为每类训练样本设置似然度阈值。本实验数据中选择 Single Value，值为 0.001。

（3）Data Scale Factor：设置数据比例系数，它是一个比值系数，用于将整型反射率或辐射反射率数据转换成浮点型数据。若反射率数据在 0～10000 之间缩放，则设定的比例系数为 10000。对于没有定标的整型数据，将比例系数设置为该仪器所能测量的最大值 $2n-1$，n 为仪器的比特容量。本实验采用默认值。

（4）Output Result to：选择分类输出路径及文件名。

（5）Output Rule Images：单击 按钮选择 Yes 或 No，选择 Yes 进一步选择规则图像输出路径及文件名，选择 No 不保存规则图像。

设置完成后单击 Preview 按钮可预览分类结果，若结果令人满意，则单击 OK 按钮执行分类。分类结果如图 5.19 所示。

2．最小距离分类法

最小距离分类法是指求出未知类别矢量到要识别各类别代表矢量中心点的距离，将未知类别矢量归属于距离最小一类的一种图像分类方法。

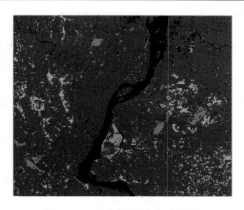

图 5.19　最大似然法分类结果

最小距离分类法是按照模式与各类代表样本的距离进行模式分类的一种统计识别方法。在这种方法中，被识别模式与所属模式类别样本的距离最小。假定 c 个类别的模式特征矢量是 $R_1, \cdots, R_c$，x 是被识别模式的特征矢量，$|x - R_i|$ 是 x 与 R_i（$i = 1, 2, \cdots, c$）之间的距离，若 $|x - R_i|$ 最小，则把 x 划分为第 i 类。

操作步骤：

在监督分类（Supervised Classification）列表下选择最小距离分类（Minimum Distance Classification），在打开的文件输入对话框中选择 TM 分类影像，单击 OK 按钮，打开 Minimum Distance Parameters 对话框（见图 5.20）。

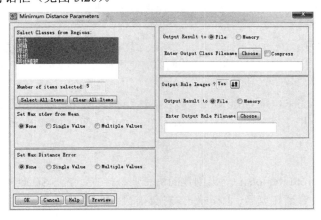

图 5.20　Minimum Distance Parameters 对话框

参数介绍：

（1）Select Classes from Regions：列出创建的所有训练样本，单击 Select All Items 按钮选择全部。

（2）Set Max stdev from Mean：设置标准差阈值。None：不设置标准差阈值；Single Value：为所有训练样本设置一个标准差阈值；Multiple Values：分别为每类训练样本设置标准差阈值。本实验数据选择 None。

（3）Set Max Distance Error：设置最大距离误差。以图像灰度值的方式输入一个值，距离大于该值的像元不被划入该类；若不满足所有类别的最大距离误差，则划分为未知类。None：不设置；Single Value：为所有训练样本设置一个最大距离误差；Multiple Values：分别为每类训练样本设置最大距离误差。本实验数据选择 None。

（4）Output Result to：选择分类输出路径及文件名。需要注意的是，为了方便演示，这里我们选择了直接输出到内存而非硬盘。

（5）Output Rule Images：单击 ↥ 按钮选择 Yes 或 No，选择 Yes 进一步选择规则图像输出路径及文件名，选择 No 不保存规则图像。

设置完成后单击 Preview 按钮，可预览分类结果。若结果令人满意，则可单击 OK 按钮执行分类。分类结果如图 5.21 所示。

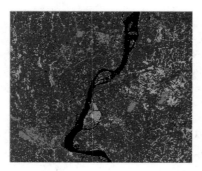

图 5.21　最小距离法分类结果

3．神经网络分类法

神经网络分类法模仿人类神经网络的行为特征，使用计算机实现人脑识别、思考、记忆的过程，进而用于图像分类。

在监督分类（Supervised Classification）列表下选择神经网络分类（Neural Net Classification），在打开的文件输入对话框中选择 TM 分类影像，单击 OK 按钮，打开 Neural Net Parameters 对话框（见图 5.22）。

下面介绍各个参数：

（1）Select Classes from Regions：列出创建的所有训练样本，单击 Select All Items 按钮选择全部。

（2）Activation：设置活化函数。Logistic：对数函数；Hyperbolic：双曲线函数。本实验中选择 Logistic。

（3）Training Threshold Contribution：设置训练贡献阈值（0～1）。该参数用于调节与节点活化水平相关的节点内部权重的贡献值。本实验中设置为 0.8。

（4）Training Rate：设置训练速度。设置权重的调节速度（0～1），值越大，训练速度越快，相应地会使训练结果不集中。本实验中设置为 0.2。

（5）Training Momentum：调节训练步幅（0～1），该参数的作用是沿当前方向调节权重。本实验中设置为 0.9。

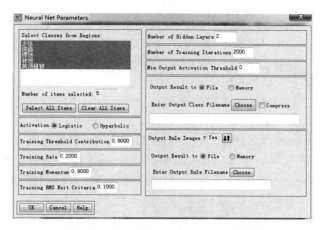

图 5.22　Neural Net Parameters 对话框

（6）Training RMS Exit Criteria：指定 RMS 误差值为多少时停止训练。本实验中设置为 0.1。

（7）Number of Hidden Layer：确定隐藏层的数量。若进行线性分类，则一般无隐藏层；若进行非线性分类，则至少等于 1。本实验中设置为 2。

（8）Number of Training Iterations：训练的迭代次数。迭代次数越多，分类越精细，相应的效率越低。本实验中设置为 2000。

（9）Min Output Activation Threshold：确定最小输出活化阈值。本实验中设置为 0。

（10）Output Result to：选择分类输出路径及文件名。

（11）Output Rule Images：单击 按钮选择 Yes 或 No，选择 Yes 进一步选择规则图像输出路径及文件名，选择 No 不保存规则图像。

设置完成后，单击 Preview 按钮可预览分类结果。若结果令人满意，则可单击 OK 按钮执行分类。分类结果和 RMS 统计如图 5.23 所示。

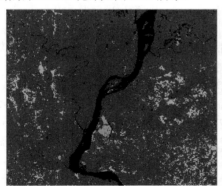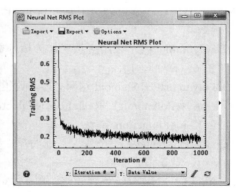

图 5.23　神经网络分类结果和 RMS 统计

4．支持向量机分类法

支持向量机分类法建立在统计学习理论的 VC 维（Vapnik-Chervonenkis Dimension）理论和结

构风险最小原理基础上，它根据有限的样本信息，在模型的复杂性（即对特定训练样本的学习精度）和学习能力（即无错误地识别任意样本的能力）之间寻求最佳折中，以求获得最好的推广能力。

简单地讲，这种分类是指支持向量机把矢量映射到一个更高维的空间，在这个空间中建立一个最大间隔超平面。在分隔数据的超平面的两边，建有两个互相平行的超平面。建立方向合适的分隔超平面，使两个与之平行的超平面间的距离最大化。其假定为，平行超平面间的距离差越大，分类器的总误差越小。

在监督分类（Supervised Classification）列表下选择支持向量机分类（Support Vector Machine Classification），打开如图 5.24 所示的 Support Vector Machine Classification Parameters 窗口。

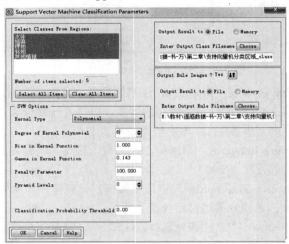

图 5.24　Support Vector Machine Classification Parameters 窗口

下面介绍各个参数：

（1）Kernel Type：该下拉列表中有 Linear、Polynomial、Radial Basis Function 和 Sigmoid 四种核函数。

　　1）Polynomial 表示采用多项式作为核函数。需要设置一个多项式次数作用于 SVM（最大值 6，最小值 1）。

　　2）Polynomial 和 Sigmoid 这两类核函数还需要设置 Basin Kernel Function 参数，默认值是 1。

　　3）若选择 Polynomial、Radial Basis Function、Sigmoid 这三个核函数，则需要指定 Gamma in Kernel Function 参数，这是一个大于零的浮点数，默认为输入图像波段的倒数。

（2）Penalty Parameter：一个值大于 0 的浮点型数据，用以控制样本错误与分类刚性延伸之间的平衡，默认值是 100。

（3）Pyramid Levels：分级处理等级，用于 SVM 训练和分类处理过程。若值为 0，则以原始分辨率处理；最大值随着图像的大小改变。

（5）Pyramid Reclassification Threshold：范围为 0～1。值大于 0 时，需要设置这个重分类阈值。

（6）Classification Probability Threshold：分类设定概率阈值。若一个像素计算得到所有的规则概率小于该值，该像素将不被分类，该值的范围为 0～1，默认值为 0。

本次实验选择 Polynomial，次数设为 6。其他参数选择默认值。分类结果如图 5.25 所示。

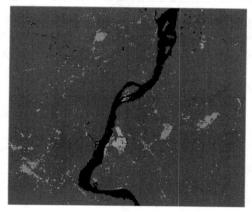

图 5.25　支持向量机分类结果

5.4　决策树分类

决策树分类器是一个典型的多级分类器，它由一系列二叉决策树构成，用于将像元划分到相应的类别，每个决策树依据一个分类规则的表达式将图像中的像元划分为两类，每个新生成的类别又可根据其他分类规则继续向下一级分类，直到达到预期分类结果为止。

决策树分类一般包括 4 个步骤：① 定义分类规则；② 构建决策树；③ 执行决策树；④ 分类后处理。

5.4.1　定义分类规则

在 ENVI 5.4 中，分类规则由变量和运算符组成的规则表达式描述。在创建决策树之前，需要将分类规则转换成规则表达式。规则表达式主要由四部分组成：操作函数、变量、常量、数据类型转换函数。

1．操作函数

操作函数（见表 5.2）包括数学中常用的加、减、乘、除基本运算符，三角函数，关系和逻辑运算符，以及其他数学函数。

表 5.2　操作函数

种　　类	可　用　函　数
基本运算	加（+）、减（−）、乘（*）、除（/）
三角函数	正弦 sin(x)、余弦 cos(x)、正切 tan(x)
	反正弦 asin(x)、反余弦 acos(x)、反正切 atan(x)
	双曲正弦 sinh(x)、双曲余弦 cosh(x)、双曲正切 tanh(x)

种　类	可 用 函 数
关系和逻辑运算符	小于（LT）、小于等于（LE）、等于（EQ）、不等于（NE）、大于（GT）、大于等于（GE）
	并（AND）、或（OR）、非（NOT）、或非（XOR）
	最小值运算符（<）、最大值运算符（>）
其他数学函数	指数（^）和自然指数 exp(x)
	自然对数 alog(x)
	以 10 为底的对数 alog10(x)
	整型取整 round(x), ceil(x)
	平方根 sqrt(x)
	绝对值 abs(x)

2．变量

变量特指一个波段的数据或作用于数据的特定函数。变量名必须包含在花括号中，书写格式为 {变量名}。若是单波段数据，则可直接命名为 bx，其中 x 为小于五位数的整数；若变量作用于多波段数据，则需要指定波段数，即 {b[n]}。特定变量如表 5.3 所示。

表 5.3　特定变量

变　量	作　　用	变　量	作　　用
slope	计算坡度	lmnf[n]	获取局部最小噪声变换的第 n 分量
aspect	计算坡向	stdev[n]	计算波段 n 的标准差
ndvi( )	计算归一化植被指数	lstdev[n]	计算波段 n 的局部标准差
tascap[n]	获取缨帽变换的第 n 分量	mean[n]	计算波段 n 的平均值
pc[n]	获取主成分分析的第 n 分量	lmean[n]	计算波段 n 的局部平均值
lpc[n]	获取局部主成分分析的第 n 分量	max[n], min[n]	计算波段 n 的最大值、最小值
mnf[n]	获取最小噪声变换的第 n 分量	lmax[n], lmin[n]	计算波段 n 的局部最大值、最小值

3．数据类型转换函数

表达式中的数据类型转换函数同其他编程语言中的类型转换函数一样。由于计算，需要将数据转换为特定类型。表达式中的数据类型转换函数如表 5.4 所示。

表 5.4　数据类型转换函数

数 据 类 型	转 换 函 数	数 值 范 围
字节型	byte( )	0～255
整型	fix( )	−32768～32768
无符号整型	uint( )	0～65535
长整型	long( )	$-2^{32}\sim2^{32}$
无符号长整型	ulong( )	$0\sim2^{32}$
64 位长整型	long64( )	$-2^{64}\sim2^{64}$
无符号 64 位长整型	ulong64( )	$0\sim2^{64}$
单精度浮点型	float( )	—

数 据 类 型	转 换 函 数	数 值 范 围
双精度浮点型	double( )	—
复数型	complex( )	—
双精度复数型	dcomplex( )	—

例如，可以将定义好的分类规则转换成如下所示的规则表达式：

Class1：(b6 + b7 + b8 lt 510) and (b8 lt 105)

Class2：{ndvi} lt 0.1

Class3：{pc[3]} lt -110

5.4.2　构建决策树

（1）在工具箱中选择 Classification → Decision Tree → New Decision Tree，打开 ENVI Decision Tree 窗口（见图 5.26），该窗口中默认包含一个决策树节点和两个分节点。

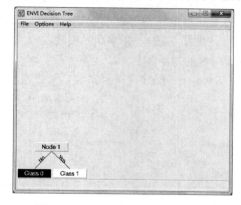

图 5.26　ENVI Decision Tree 窗口

下面简单说明 File 和 Options 两个菜单中的选项。

1）File 菜单。

- New Tree：新建决策树。
- Save Tree：保存决策树文件。
- Restore Tree：打开一个决策树文件。

2）Options 菜单。

- Rotate View：水平/垂直显示决策树。
- Zoom In：放大决策树。
- Zoom Out：缩小决策树。
- Assign Default Class Values：在决策树中按照从左到右的顺序重新指定类别数和颜色。
- Show/Hide Variable/File Pairings：显示/隐藏变量/文件对话框。
- Change Output Parameters：更改输出参数。

● Execute：执行决策树。

（2）单击 Node1 节点，打开 Edit Decision Properties 对话框（见图 5.27），在 Name 文本框中填写节点名称"isBackground"，在 Expression 文本框中填写节点表达式"(b1eq 0)and(b2 eq 0)and(b3 eq 0)"。

（3）填写完成后，单击 OK 按钮，打开 Variable/File Pairings 对话框（见图 5.28），单击列表中的{b1}变量，在弹出的文件选择对话框中选择所需的图像和波段。

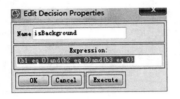
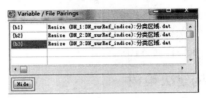

图 5.27　Edit Decision Properties 对话框　　　图 5.28 Variable/File Pairings 对话框

（4）第一个节点属性设置完成后，右键单击 class0 节点，将 Add Children 选为 isWater，进一步细分成两类。然后在新生成的空白节点设置节点属性；单击底层 class 节点，弹出 Edit Class Properties 对话框（见图 5.29），在 Name 项输入分类名称，在 ClassValue 项设置分类值，在 Color 项设置对应的显示颜色。

设置完成后，选择 File → Save Tree 保存决策树文件，最终决策树如图 5.30 所示。

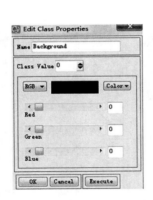
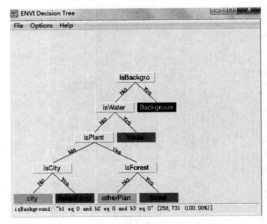

图 5.29　Edit Class Properties 对话框　　　　图 5.30　最终决策树

5.4.3　执行决策树

第一步　执行决策树

在 ENVI Decision Tree 窗口中，选择 Options → Execute，打开 Decision Tree Execution Parameters 对话框，设置文件名及保存路径，单击 OK 按钮直接进行分类。进行决策树分类计算时，可以看到一个节点到另一个节点的处理过程。处理完成后，会自动加载到新窗口中显示。图 5.31 展示了决策树分类结果。

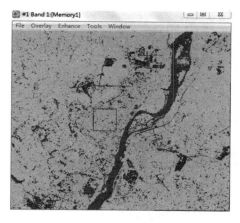

图 5.31　决策树分类结果

第二步　修改决策树

对分类结果不满意时，可修改决策树后重新分类。

（1）节点属性修改。需要修改节点属性时，可单击该节点，修改节点的名称和规则表达式；需要删除节点时，可右键单击其父节点，选择 Delete Children。

（2）变量赋值编辑。选择 Options → show Variable/File Pairings，打开变量/文件对话框修改变量对应的文件。修改完成后，选择 Options → Execute 重新执行决策树计算。

5.5　分类后处理

不管是监督分类、非监督分类，还是决策树分类，得到的初始结果都无法满足最终应用需求，不可避免地会产生一些面积很小的图斑。无论是从专题制图的角度，还是从实际应用的角度，都有必要对这些小图斑进行剔除或重新分类。目前常用的方法有聚类处理（Clump）、过滤处理（Sieve）和 Majority/Minority 分析等。其他分类后处理一般包括分类统计分析、栅格转矢量等。下面选用前面提到的神经网络监督分类法的分类结果进行演示。读者可以在配套数据目录下找到"神经网络分类结果.dat"文件并打开它。

5.5.1　聚类统计

聚类（clump）统计计算每个分类图斑的面积，记录相邻区域最大图斑面积的分类值，运用形态学算子将邻近的类似分类区域聚类合并。在此过程中会产生一个 Clump 类组输出影像，其中包含每个图斑的 Clump 类组属性。不过，通常这个影像只是一个中间文件，用于下一步处理。

在工具箱中选择 Classification → Post Classification → Clump Classes，选择分类结果，单击

OK 按钮打开 Classification Clumping 对话框（见图 5.32）。

图 5.32　Classification Clumping 对话框

（1）在 Dilate Kernel Value 中设置行列数。

（2）在 Erode Kernel Value 中设置形态学算子大小。

（3）选择输出文件路径及文件名，单击 OK 按钮执行聚类统计。

5.5.2　过滤分析

过滤（Sieve）分析是对经过聚类处理后的 Clump 类组影像进行处理，按照定义的数值大小，删除 Clump 影像中较小的类组图斑，并赋予新的属性值 0。

在工具箱中选择 Classification → Post Classification → Sieve Classes，选择分类结果，单击 OK 按钮打开 Classification Sieving 对话框（见图 5.33）。

图 5.33　Classification Sieving 对话框

（1）单击 Class Order 按钮选择所有类。

（2）在 Minimum Size 中设置过滤阈值，将小于该阈值的像元从相应的类中删除。

（3）在 Pixel Connectivity 中设置邻域像元个数，值为 4 或 8。

（4）选择输出文件路径及文件名，单击 OK 按钮，执行聚类统计。

5.5.3　Majority/Minority 分析

Majority/Minority 分析采用类似于卷积滤波的方法，将较大类别中的虚假像元归到该类中，定义一个变换核尺寸，用变换核中占主导地位（像元数最多）的像元类别代替中心像元类别。若使用次要分析（Minority Analysis），则用变换核中占次要地位的像元类别代替中心像元的类别。

在工具箱中选择 Classification → Post Classification → Majority/Minority Analysis，选择分类结果，单击 OK 按钮打开 Majority/Minority Parameters 对话框（见图 5.34）。

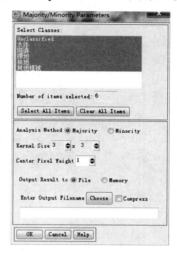

图 5.34　Majority/Minority Parameters 对话框

（1）单击 Select All Items 按钮选择所有类。

（2）在 Analysis Method 中设置分析方法，即 Majority 或 Minority。

（3）在 Kernel Size 中设置变换核尺寸，这个值必须为奇数，但可以不是正方形。变换核越大，分类图像越平滑。

（4）选择输出文件路径及文件名，单击 OK 按钮，执行 Majority/Minority 分析。

5.5.4　分类统计

分类统计可以根据分类结果计算出一些相关信息。常用的基本统计包括图像中的像元数量、最小值、最大值、平均值、波段标准差等。ENVI 可以绘制这些信息的直方图，计算并显示协方差矩阵、相关矩阵、特征值和特征矢量。下面简单介绍其步骤：

（1）在工具箱中选择 Classification → Post Classification → Class Statistics，然后在打开的 Classification Input File 对话框中选择分类结果文件，单击 OK 按钮。

（2）在打开的 Statistics Input File 对话框中，选择原始的影像数据，单击 OK 按钮。

（3）在打开的 Select Classes 对话框中，单击 Select All Items 按钮，选择所有需要统计的分类，单击 OK 按钮。

（4）在打开的 Compute Statistics Parameters 对话框（见图 5.35）中，根据需要进行设置。

- Basic Stats：基本统计，主要包括波段的最大值、最小值、均值和标准差的统计。
- Histograms：直方图统计，每个波段 DN 值的频率分布的直方图。
- Covariance：协方差统计，主要包括协方差矩阵、相关系数矩阵、特征值和特征矢量。
- Covariance Image：是否将协方差结果输出为图像。

（5）统计结果可以输出到屏幕、保存为统计文件或者保存为 TXT 格式的文件。设置完成后，单击 OK 按钮执行统计，最终结果如图 5.36 所示。

图 5.35　Compute Statistics Parameters 对话框

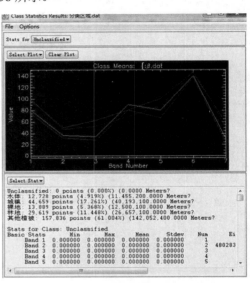

图 5.36　统计结果

5.5.5　分类结果转矢量

有时为了进行一些定量或区域分析，需要把特定的地物类别做成矢量，再覆盖到其他影像上去。

利用 ENVI 提供的 Classification to Vector 工具，可将分类结果转换为矢量文件。在工具箱中选择在 Classification → Post Classification → Classification to Vector，选择分类结果，单击 OK 按钮，打开 Select Classes to Vectorize 对话框（见图 5.37）。

（1）单击类别名称，选择需要转换为矢量的类别。

（2）单击 Output 选项卡中的图标，选择输出方式。Single Layer 把所有分类输出到同一图层，One Layer per

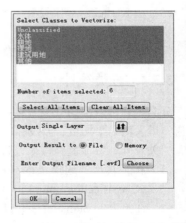

图 5.37　Select Classes to Vectorize 对话框

Class 把所有分类输出到单独的图层。

（3）选择输出路径及文件名，单击 OK 按钮执行转换。

5.6　精度评价

精度评价通过比较实际数据与处理数据来确定处理过程的准确度。分类结果评价是进行土地覆盖、遥感动态监测的重要一环，也是分类结果是否可信的一种度量。最常用的评价方法是误差矩阵或混淆矩阵法，从误差矩阵计算各种精度统计值，如总体正确率、使用者正确率、生产正确率、Kappa 系数等。

5.6.1　分类结果叠加

分类结果叠加是最简易的一种评价方法，它通过目视判断评价分类结果的准确性。这种方法将分类结果和原始影像数据在主窗体中打开，目视判断分类结果是否准确。若部分结果不准确，则可将其归并到其他类，或删除其分类，归并到 Unclassified 类中。

要想得到较好的效果，可在叠加之前将背景图像拉伸并保存为字节型（8bit）图像。下面是具体操作过程。

（1）打开分类结果和原始影像："分类区域.dat"和"神经网络分类结果.dat"。

注意：这里将原始影像的真彩色图像作为背景图像。分类结果读者可以自行选择。

（2）打开拉伸工具（Toolbox → Raster Management → Stretch Data），在弹出的对话框中选择"分类区域.dat"文件，然后单击下方的 Spectral Subset，在弹出的窗口中选择波段 1、2、3，单击 OK 按钮，如图 5.38 所示。

（3）在 Data Stretching 窗口中，按照图示进行参数设置，单击 OK 按钮。

（4）在工具箱中选择 Classification → Post Classification → Overlay Classes，打开分类叠加工具。

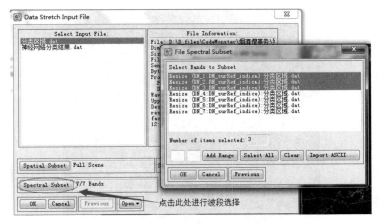

图 5.38　拉伸图像

（5）在打开的 Input Overlay RGB Image Input Bands 窗口中，R、G、B 分别选择"拉伸结果.dat" 的波段 3、2、1，单击 OK 按钮，结果如图 5.39 所示。

注意：如果需要一个灰度背景，那么为 RGB 三个通道输入同样的波段即可。

（6）在 Classification Input File 窗口中选择分类图像"神经网络分类结果.dat"，单击 OK 按钮。

（7）在 Class Overlay to RGB Parameters 窗口中选择要叠加显示的类别（见图 5.40），这里选择 "林地""城镇"两个类别，设置输出路径，单击 OK 按钮即可。

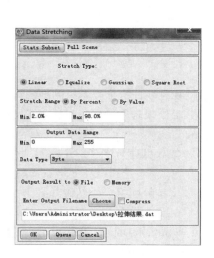

图 5.39　拉伸图像参数设置

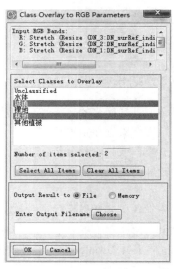

图 5.40　选择要叠加的分类

注意：按住 Ctrl 键的同时，单击鼠标左键可以实现多选。

（8）查看叠加结果，如图 5.41 所示。

图 5.41　叠加结果

5.6.2　混淆矩阵

在图像精度评价中，混淆矩阵主要用于比较分类结果与实测值。混淆矩阵是通过将每个实测像元的位置和分类与分类图像中的相应位置和分类相比较计算得到的。混淆矩阵的每一列代表实际测得的信息，每一列中的数值等于实际测得像元在分类图像中对应于相应类别的数量；混淆矩阵的每一行代表遥感数据的分类信息，每一行中的数值等于遥感分类像元在实测像元相应类别中的数量。

例如，有 180 个样本数据，这些数据分成 3 类，每类 60 个。分类结束后得到的混淆矩阵为：每行之和为 60，表示 60 个样本。第一行说明类 1 的 60 个样本有 53 个分类正确，5 个错分为类 2，2 个错分为类 3，如表 5.5 所示。

表 5.5　混淆矩阵示意

	类 1	类 2	类 3
类 1	53	5	2
类 2	2	55	3
类 3	0	1	59

混淆矩阵中的几项评价指标如下。

- 总体分类精度。总体分类精度等于被正确分类的像元总和除以总像元数。被正确分类的像元数目沿混淆矩阵的对角线分布，总像元数等于所有真实参考源的像元总数。
- Kappa 系数。它是把所有真实参考的像元总数（N）乘以混淆矩阵对角线（X_{KK}）的和，减去某一类中真实参考像元数与该类中被分类像元总数之积后，再除以像元总数的平方，并减去某一类中真实参考像元总数与该类中被分类像元总数之积，对所有类别求和的结果。通常 Kappa 的值为 0～1，可分为五组来表示不同级别的一致性：0.0～0.20 表示极低的一致性，0.21～0.40 表示一般的一致性，0.41～0.60 表示中等的一致性，0.61～0.80 表示高度的一致性，0.81～1 表示几乎完全一致。
- 错分误差。指被分为用户感兴趣的类而实际属于另一类的像元，它显示在混淆矩阵中。比如，林地总共划分为 441 个像元，其中正确分类的有 418 个，23 个是错分为林地的其他类别（混淆矩阵中林地一行其他类的总和），那么其错分误差为 23/441 = 5.22%。
- 漏分误差。指本身属于地表真实分类，而没有被分类器分到相应类别中的像元数。
- 制图精度。指分类器将整个影像的像元正确分为 A 类的像元数（对角线值）与 A 类真实参考总数（混淆矩阵中 A 类列的总和）的比率。
- 用户精度。指正确分到 A 类的像元总数（对角线值）与分类器将整个影像的像元分为 A 类的像元总数（混淆矩阵中 A 类行的总和）的比率。

在 ENVI 5.4 中，生成混淆矩阵可以使用两种真实参考源：一是标准的分类图；二是选择的感兴趣区（验证样本区）。在 ENVI 5.4 中使用混淆矩阵的方式为，选择 Classification → Post Classification → Confusion Matrix Using…。

这里我们选择 Confusion Matrix Using Ground Truth ROIs，ROI 文件名为"分类参考 ROI.xml"。

详细操作步骤如下：

（1）打开分类结果影像"神经网络分类结果.dat"。

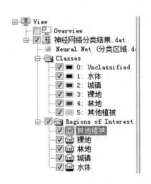

图 5.42　打开分类结果和参考 ROI

（2）打开验证样本，选择 File → Open，选中"精确 ROI.xml"，结果如图 5.42 所示。

（3）在工具箱中选择 Classification → Post Classification→ Confusion Matrix Using Ground Truth ROIs，选中混淆矩阵计算工具，在弹出的窗口中选择"神经网络分类结果.dat"，单击 OK 按钮。

（4）软件会根据分类代码自动匹配，如不正确，可以手动更改（见图 5.43 左图）。单击 OK 按钮后，选择混淆矩阵显示风格（像素和百分比，见图 5.43 右图）。

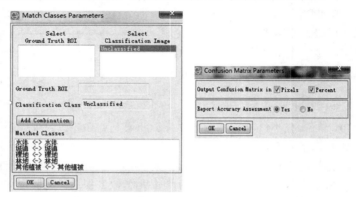

图 5.43　分类结果匹配

（5）单击 OK 按钮，即可得到精度报表，如图 5.44 所示。

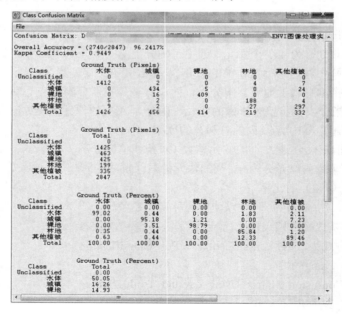

图 5.44　精度报表

第 6 章　图像变化检测

本章主要内容：

● 图像直接比较法
● 分类后比较法

　　遥感动态变化检测是指在不同时间或不同条件下获取的同一地区的遥感图像中，识别和量化地表类型的变化、空间分布状况和变化量，即确定变化前后的地面类型、界线及变化趋势，提供地物的空间分布及其变化的定性和定量信息。ENVI 中提供两种遥感图像动态检测方法，分别为图像直接比较法与分类后比较法。

6.1　图像直接比较法

6.1.1　图像直接比较法的步骤

（1）同时打开两时相影像 1989QUAC 和 2011QUAC，如图 6.1(a)和(b)所示。

(a) 1989QUAC　　　　　　　　　　　　　　(b) 2011QUAC

图 6.1　两时相影像（1989，2011）

（2）在工具箱中选择 Change Detection → Change Detection Difference Map，在 Select the 'Initial

State' Image 对话框中选择 1989 年的第四波段，单击 OK 按钮，再选择 2011 年的第四波段，如图 6.2 所示，初始状态和最终状态数据选择完毕后，单击 OK 按钮，弹出 Compute Difference Map Input Parameters 对话框。

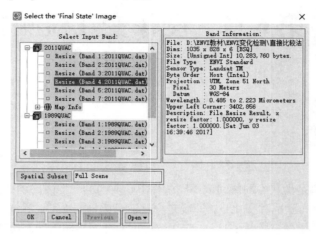

图 6.2　Select the 'Final State' Image 对话框

（3）在 Compute Difference Map Input Parameters 对话框中设置如下参数，如图 6.3 所示。

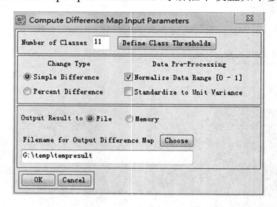

图 6.3　Compute Difference Map Input Parameters 对话框

- 变化检测方法（Change Type）：简单差值（Simple Difference）和百分比差值（Percent Difference），简单差值由最终状态的影像与初始状态的影像直接相减得到，百分比差值是简单差值除以初始状态影像，本实验选择简单差值方法。
- 数据预处理方法（Data Pre-processing）选择归一化（Normalization）或标准化（Standardization）。归一化和标准化分别由 $(DN - DN_{min})/(DN_{max} - DN_{min})$ 和 $(DN - DN_{mean})/DN_{stdev}$ 得到，其中 DN_{min}、DN_{max}、DN_{mean}、DN_{stdev} 分别表示最小值、最大值、平均值和标准差。

● 设置变化等级（Number of Classes）为 11，单击 Define Class Thresholds 按钮，可对每个变化范围进行划分，并设置变化等级划分阈值，如图 6.4 所示。

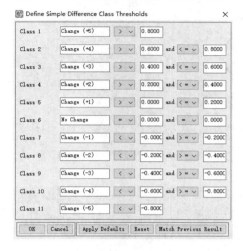

图 6.4　Define Simple Difference Class Thresholds 对话框

（4）设置输出路径和文件名，结果中以渐变色表示变化幅度，无变化为灰色，正值的变化用渐变的红色表示，亮红色表示正值变化最大；负值的变化用渐变的蓝色表示，明亮的蓝色表示负值变化最大，结果如图 6.5 所示。

图 6.5　图像直接比较法结果

6.1.2　图像直接比较法流程化工具

（1）同时打开两时相影像 1985 和 2006，如图 6.6(a)和(b)所示。

（2）在工具箱中选择 Change Detection → Image Change Workflow，打开 File Selection 对话框，如图 6.7 所示。在 Time 1 File 中选择 1985，在 Time 2 File 中选择 2006，单击 Next 按钮。

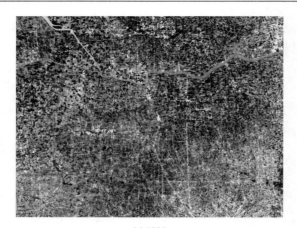

(a) 1985

(b) 2006

图 6.6　两时相影像（1985，2006）

图 6.7　File Selection 对话框

（3）选择 Skip Image Registration 跳过配准步骤，若图像未配准，则选择 Register Images Automatically 进行自动配准，如图 6.8 所示，单击 Next 按钮。

图 6.8　Image Registration 对话框

（4）在 Change Method Choice 对话框中，有两种方法：图像差值法（Image Difference）和图像变换法（Image Transfom），选择 Image Difference 方法，如图 6.9 所示，单击 Next 按钮。

图 6.9　Change Method Choice 对话框

图像差值法又提供了两种方法：

① 波段差值。选择 Input Band 并选择相应的波段。切换到 Advanced，提供辐射归一化（Radiometric Normalization）选项，可以将两幅图像近似在一个天气条件下成像（以 Time1 图像为基准）。

② 特征指数差。这种方法要求数据是多光谱或高光谱，自动根据图像信息（波段数和中心波长信息）在 Select Feature Index 列表中选择特征指数。提供 4 种特征指数：

- Vegetation Index (NDVI)：归一化植被指数。
- Water Index (NDWI)：归一化水指数，水体区域 NDWI 值大。

- Built-up Index (NDBI)：归一化建筑物指数。建筑物区域 NDBI 值大。
- Burn Index：燃烧指数。燃烧区域值大。

切换到 Advanced，自动为 Band1 和 Band2 选择相应的波段（前提是有中心波长信息），否则手动选择。

（5）选择 Difference of Input Band，在 Select Input Band 选择 Band 1，如图 6.10 所示。

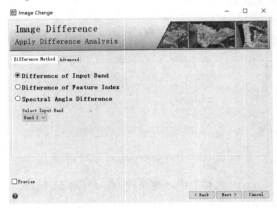

图 6.10　Difference Method 选项卡

（6）得到结果如图 6.11 所示。

图 6.11　图像直接比较法流程化结果

6.2　分类后比较法

6.2.1　分类后比较法的步骤

（1）打开两个时相的分类结果图 1985class 和 2006class（见图 6.12）。

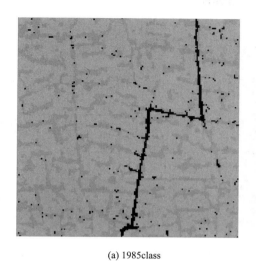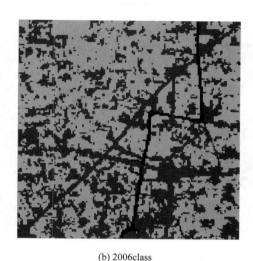

(a) 1985class　　　　　　　　　　　　　　　(b) 2006class

图 6.12　两时相分类结果图

（2）在工具箱中选择 Change Detection → Change Detection Statistics，选择 1985class 作为前时相分类图（Initial State），选择 2006class 作为后时相分类图（Final State），如图 6.13 所示。

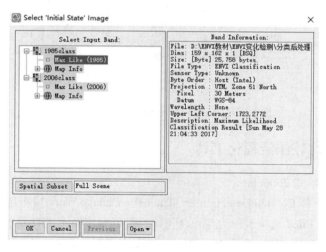

图 6.13　Select the 'Initial State' Image 对话框

（3）在 Define Equivalent Class 对话框中，若两个时相的分类图命名规则一致，则会自动将两时相上的类别关联；否则需要在 Initial State Class 和 Final State Class 列表中手动选择对应的类别（见图 6.14），单击 OK 按钮。

（4）在结果输出对话框中，选择统计类型：像素（Pixels）、百分比（Percent）和面积（Area），如图 6.15 所示。选择输出路径和文件名，输出结果（见图 6.16）。

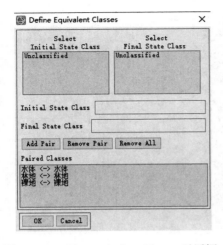

图 6.14　Define Equivalent Classes 对话框

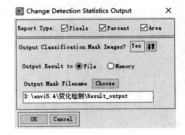

图 6.15　Change Detection Statistics Output 对话框

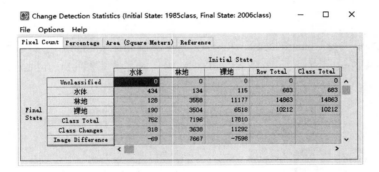

图 6.16　Change Detection Statistics 对话框

6.2.2　分类后比较法流程化工具

（1）打开 1985class 和 2006class。

（2）在工具箱中选择 Change Detection → Thematic Change Workflow，在 Thematic Change 对话框的 Input Files 选项卡中为 Time1 Classification Image File 选择 1985class，为 Time2 Classification Image File 选择 2006class，如图 6.17 所示，单击 Next 按钮。

（3）在 Thematic Change 对话框中，选择 Only Include Areas That Have Changed，只获得变化的区域。选择 Preview 选项，可以预览结果，如图 6.18 所示，单击 Next 按钮。

（4）在 Smoothing 和 Aggregation 中设置合适的值去除噪声和合并小斑块，这里取默认值，即平滑核为 3，最小聚类值为 9，如图 6.19 所示，单击 Next 按钮。

（5）在 Thematic Change Export 对话框中，分别将结果以图像和矢量格式输出，还可以输出变化统计文件。单击 Finish 按钮，得到分类后处理法流程化结果，如图 6.20 所示。

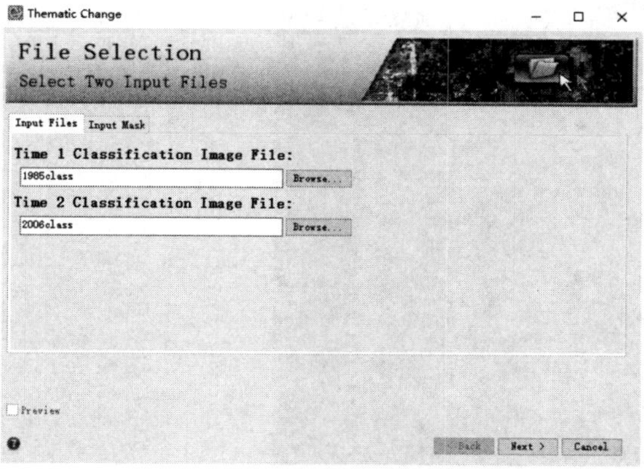

图 6.17　Input Files 选项卡

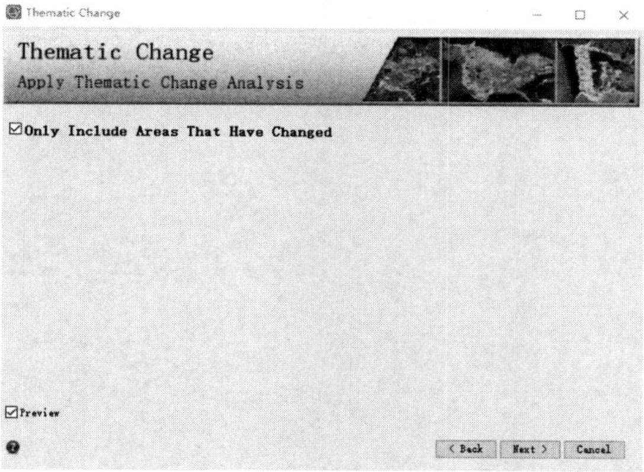

图 6.18　Thematic Change 对话框

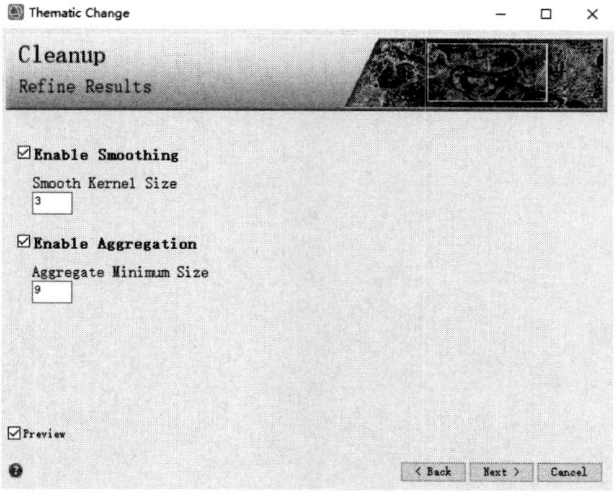

图 6.19　Cleanup 对话框

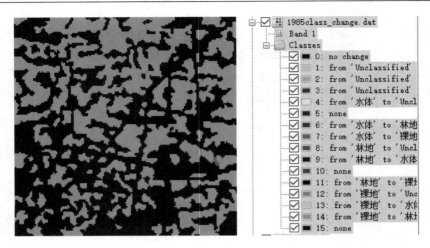

图 6.20　分类后处理法流程化结果

第 7 章 高分辨率遥感图像分割

本章主要内容：

- 基于规则的建筑物信息提取
- 基于样本的农田信息提取
- 基于规则的道路信息提取

近年来，随着高分辨率卫星数据（如 Worldview-2、QuickBird 等）的大量获取，研究和探索新的适合于高分影像的信息处理方法，已成为目前遥感应用和研究的趋势。

由于高分影像的光谱异质性增强，且光谱波段数目相对较少，因此，针对中低分辨率影像的信息提取方法提取效果不理想。由此，Baatz 和 Schäpe[22]根据高分影像的特点，提出了面向对象的分析（Object Oriented Analysis，OOA）方法。与传统的基于像元的方法相比，面向对象的方法将影像对象和像元均作为影像分析的单元[23]，充分利用了地物光谱信息、形状、纹理和上下文关系等空间信息，因此，面向对象的方法能更准确地提取地物信息[24][25]。多尺度分割是一种面向对象的图像分割算法[26]，其原理是将图像分割成一个个"同质"的对象，对象的大小由分割尺度决定。目前，多尺度分割技术已成为高分影像信息提取应用和研究的热点[27~29]。

在 ENVI 5.4 的工具箱中，嵌入了 Feature Extraction 模块（面向对象空间特征提取模块），该模块的功能是基于影像空间和影像光谱特征，从高分辨率全色或多光谱数据中提取信息，如建筑、道路、河流、湖泊和田地等。该模块基于边缘分割算法，根据邻近像素的亮度、纹理、颜色等对影像进行分割。通过不同尺度上边界的差异控制，实现从粗到细的多尺度分割。

本章安排三小节对 Feature Extraction 模块进行学习，以掌握高分辨率遥感影像的提取方法。

注意：本章所有参数设置均为演示所用，不代表各种地物分割的实际效果。请读者在操作时根据实际图像状况自行调节。

7.1 基于规则的房屋信息提取

首先启动 ENVI 软件，打开影像 WV2-GS-ortho-quac 作为实验数据，数据大小为 885×448 个像元。该影像是先使用 Gram-Schmidt Spectral Sharpening 方法将空间分辨率为 0.5m 的 WorldView-2 全色影像与空间分辨率为 1.8m 的多光谱影像进行融合，然后对其进行正射校正和大气校正得到的。在 Layer Manager 中，右键单击该图层，选择 Change RGB Bands，然后选择 7、5、2 波段进行标准伪彩色合成显示，如图 7.1 所示。

图 7.1　实验数据 WV2-GS-ortho-quac

（1）在工具箱中，选择 Feature Extraction → Rule Based Feature Extraction Workflow，双击打开工作流对话框，在 Input Raster 窗口下输入待分割的影像。本实验中已默认输入打开的影像，在 Input Mask 窗口下输入掩膜，本实验不做掩膜。在 Ancillary Data 窗口下添加辅助数据，在 Custom Bands 窗口内选中 Normalized Difference，红色波段和近红色波段分别为第 5 波段和第 7 波段，如图 7.2(a)和(b)所示。

(a) 选择待分割的影像

(b) Normalized Difference 参数设置

图 7.2　影像选择和参数设置

（2）单击 Next 按钮，出现两种图像分割算法和合并算法以供选择。分割和合并算法的介绍如表 7.1 所示，本实验在 Segment Settings Algorithm 下选择分割算法 Edge，拖动滑块确定阈值，或直接输入分割阈值 40；在 Merge Settings Algorithm 下选择合并算法 Full Lambda Schedule，拖动滑块确定阈值，或直接输入合并阈值 90；Texture Kernel Size（纹理内核尺寸）：数据区域较大而纹理差异较小时，可把这个参数设置得大一些，其默认值是 3，最大值是 19，本实验按照默认值设置；Select Merge Bands：选择合并波段，本实验默认全选。单击 Preview 按钮进行预览，如图 7.3(a)和(b)所示。

表 7.1　分割和合并算法描述

算法名称	算法描述
Edge	基于边缘检测，需要结合合并算法达到最佳效果
Intensity	基于亮度，这种算法非常适合于微小梯度变化（如 DEM）、电磁场图像等，不需要合并算法即可达到较好的效果
Full Lambda Schedule	合并存在于大块、纹理性较强的区域，如树林、云等
Fast Lambda	合并类似的颜色和边界大小相邻字段

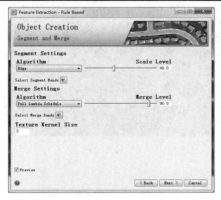

(a) 设置分割、合并参数　　　　　(b) 预览分割、合并结果

图 7.3　分割、合并的参数设置和结果

（3）单击 Next 按钮，会生成一个图层，这个图层用每个像元（对象）的平均光谱值填充，是一幅模拟图像。在 Layer Manager 中可关闭显示的图层。单击➕按钮，会新建一个类别，同时带有一个规则（Rule），Rule 下方默认有一个规则。

　　　首先单击 New Class 1，修改 Class Name 的类别名称为"房屋"；本实验的第一个规则设置为 Band: Normalized Difference，阈值范围设置为 0.05～0.21，剔除植被，如图 7.4(a)和(b)所示。

(a) 设置类别建筑物　　　　　(b) Normalized Difference 的阈值

图 7.4　规则和阈值设置

右键单击 Rule → Add Attribute，新建一个规则，分别选择 Type: Spatial 和 Name: Rectangular Fit，设置阈值为 0.45～0.9，剔除道路和长条状地物，如图 7.5(a)所示，分类结果见图 7.5(b)。

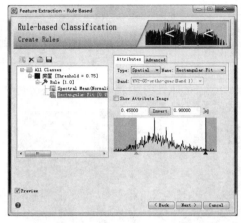

(a) 设置 Rectangular Fit 的阈值

(b) 分类结果

图 7.5　阈值设置和分类结果

（4）单击 Next 按钮，在 Export Vector 窗口中按照默认设置路径输出矢量层，在 Export Raster 窗口中可以输出分类的图像，也可以选中分割的图像，分割合并的像素数据可对中间结果进行研究。在 Advanced Export 窗口中选中 Export Attributes Image，可导出波段对应的属性，导出的数据可作为多源数据，本实验选择默认设置，不选中前述选项。在 Auxiliary Export 窗口中输出辅助数据，选中 Export Feature Rule set 可输出规则文件，选中 Export Processing Report 可将处理过程以文本文件的形式记录下来。最后，单击 Finish 按钮，如图 7.6(a)和(b)所示。建筑物提取结果如图 7.7 所示。

(a) 输出矢量文件

(b) 输出规则文件

图 7.6　输出矢量文件和规则文件

图 7.7 建筑物提取结果

注意:

（1）从提取结果图中发现由于部分红色建筑物顶材料，造成漏分；由于阴影的存在导致分割不彻底，如将遮挡的植被错分类为建筑物；不过大体上仍可将建筑物提取出来，最后可以将分类结果导入 ArcGIS 中进行编辑。

（2）规则按类型分为 Spectral（光谱）、Texture（纹理）和 Spatial（空间）。

- 光谱规则有四种属性，分别是 Spectral Mean（平均光谱）、Spectral Std（光谱标准差）、Spectral Min（最小光谱）和 Spectral Max（最大光谱），其中最常用的是平均光谱。
- 纹理规则的属性包括卷积核范围内的 Texture Range（平均灰度值范围）、Texture Mean（平均灰度值）、Texture Variance（平均灰度变化值）和 Texture Entropy（平均灰度信息熵）。
- 空间规则的属性包括 Area、Length、Compact、Convexity、Solidity、Roundness、Formfactor、Elongation、Rect_Fit 等。

7.2 基于样本的农田信息提取

首先启动 ENVI 5.4 软件，打开 SPOT-5 影像作为实验数据，该影像大小为 249×198 个像元。在 Layer Manager 中右键单击该图层，选择 Change RGB Bands，然后选择 1、2、3 波段进行标准伪彩色合成，并以 2%线性拉伸显示，如图 7.8 所示。

图 7.8 实验区影像（SPOT-5）

（1）在工具箱中，选择 Feature Extraction → Example Based Feature Extraction Workflow，双击打开工作流对话框，在 Input Raster 窗口下打开要分割的影像（spot），本实验中已默认打开，如图 7.9 所示。

图 7.9　输入待分割影像（spot）

（2）单击 Next 按钮，在 Segment Settings Algorithm 下选择分割算法 Edge，拖动滑块确定分割阈值或直接输入分割阈值 35；在 Merge Settings Algorithm 下选择合并算法 Full Lambda Schedule，拖动滑块确定阈值或直接输入合并阈值 85；如图 7.10(a)所示。单击 Preview 按钮进行预览，结果如图 7.10(b)所示。

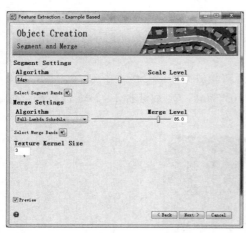

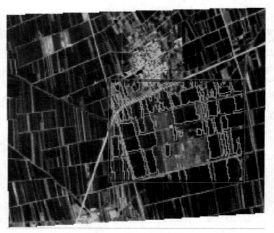

(a) 分割、合并算法阈值设置　　　　　　　　　　(b) 分割、合并结果预览

图 7.10　阈值设置和结果预览

（3）单击 Next 按钮，同时生成 Region Means 图层，接下来可以选择样本、样本属性和算法等。在 Examples Selection 窗口下单击 ➕ 按钮添加新类，也可右键单击选择 All Classes → Add

Class，在右边可以修改类的属性，如类别名称、类别颜色；要移除某一类，选中并单击 ✖ 按钮即可实现；若已有选好的样本，可单击 📄 按钮使用已选好的样本。本实验中新增农作物、休耕地、非耕地和水体 4 个新类，并选取相应的样本，如图 7.11(a)所示。选取类别样本的分布结果如图 7.11(b)所示。

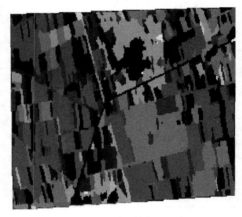

(a) 增加类别并分别选取样本　　　　　　　　　　(b) 选取类别样本分布结果

图 7.11　选取类别样本及类别样本的分布结果

在 Attribute Selection 选项卡（见图 7.12）中可以选择属性，可根据要选取的实际地物特性选择一定的属性，选择的属性将被用于后面的监督分类，本实验中默认全选。单击 Select All 按钮选择全部波段。

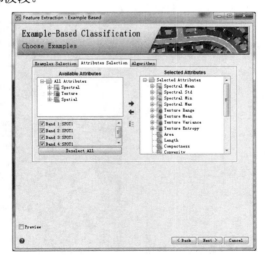

图 7.12　Attribute Selection 选项卡

在 Algorithms 窗口中，有三种分类算法可供选择，分别是 K 最近邻（K Nearest Neighbor，KNN）法、支持向量机（Support Vector Machine，SVM）法和主成分分析（Principal Components Analysis，PCA）法，三种算法的详细描述见表 7.2。

表 7.2 三种分类算法介绍

算 法	算 法 描 述
K 最近邻法	K 最近邻法依据待分类数据与训练样本元素在 n 维空间的欧几里得距离来对图像进行分类，n 由分类时目标物属性数目确定。相对于传统的最近邻方法，K 最近邻法产生更小的敏感异常和噪声数据集，从而得到更准确的分类结果，它会自己确定像素最可能属于哪一类。在 K 参数中键入一个整数，默认值是 1。K 参数是分类时要考虑的最近邻元素的数目，是一个经验值，不同的值生成的分类结果差别会很大。K 参数的设置依赖于数据组及选择的样本。值大一些能够降低分类噪声，但可能会产生不正确的分类结果，一般而言，该值设为 3、5、7 较好
支持向量机法	支持向量机是一种来源于统计学习理论的分类方法。选择这一项，需要定义一系列参数： Kernel Type 下拉列表中有 Linear、Polynomial、Radial Basis 和 Sigmoid 四种算术核函数。若选择 Polynomial，则设置一个核心多项式（Degree of Kernel Polynomial）的次数用于 SVM，最小值是 1，最大值是 6。这个值越大，描绘类别之间的边界越精确，但会增加分类变成噪声的危险；选择 Polynomial 或 Sigmoid，使用向量机规则需要为 Kernel 指定 the Bias，默认值是 1；选择 Polynomial、Radial Basis、Sigmoid，需要设置 Gamma in Kernel Function 参数。这个值是一个大于零的浮点型数据。默认值是输入图像波段数的倒数 Penalty Parameter 参数是一个大于零的浮点型数据。这个参数控制样本错误与分类刚性延伸之间的平衡，默认值是 100
主成分分析法	主成分分析比较主成分空间的每个分割对象和样本，将得分最高的归为一类

Allow Unclassified 允许有未分类这一类别，将不满足条件的斑块分到该类，默认情形下允许有未分类的类别。

Threshold 为分类设置概率阈值，若一个像素计算得到的所有规则概率小于该值，该像素将不被分类，范围是 0～100，默认值是 5。

本实验中选择 KNN 分类算法，K 参数设置为 5，取消对 Allow Unclassified 的选取，见图 7.13。

（4）单击 Next 按钮，输出分类结果，将输出设置得和上节相同。本实验的分类结果如图 7.14 所示。

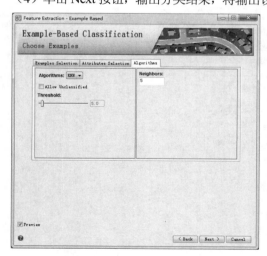

图 7.13 分类算法的选择与参数设置

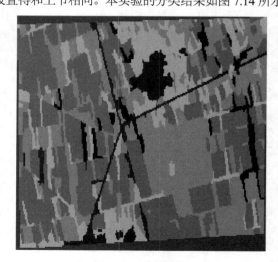

图 7.14 分类结果

注意：居民区中存在的植被造成部分休耕地分类错误；有几处因为欠分割将农作物误分类为非耕地。

7.3　基于规则的道路信息提取

道路作为基础地理信息，是地理信息数据的重要组成部分，其应用领域广泛，如车辆导航、交通管理、突发事件快速反应等。基础地理信息数据的价值取决于其现势性，随着 GIS 应用的深入，人们对数据的现势性提出了更高的要求，需要数据的实时或准实时更新。要完成道路更新，就需要提取道路的现状信息[30]。本小节介绍利用 QuickBird 高分辨率影像数据，使用基于规则的面向对象信息提取方法提取道路的过程。

首先打开影像数据 QB-CJ，该影像大小为 1007×689 个像元，选择 4、2、1 波段进行标准伪彩色合成显示，并对影像进行 2%的线性拉伸，如图 7.15 所示。

图 7.15　标准伪彩色合成显示 QuickBird 影像

（1）在工具箱中，选择 Feature Extraction → Rule Based Feature Extraction Workflow，双击打开工作流对话框，在 Input Raster 窗口输入要分割的影像，本实验中默认输入已打开的 QB-CJ，在 Input Mask 窗口下输入掩膜，本实验不做掩膜，在 Ancillary Data 窗口下添加辅助数据，在 Custom Bands 窗口内选中 Normalized Difference，并分别选择红色波段 Band 1 对应的波段 Band 2 和近红外波段 Band 2 对应的波段 Band 4，如图 7.16(a)和(b)所示。

（2）单击 Next 按钮，出现两种图像分割算法和合并算法以供选择。本实验在 Segment Settings Algorithm 下选择分割算法 Edge，输入分割阈值 30；在 Merge Settings Algorithm 下选择合并算法 Full Lambda Schedule，输入合并阈值 85；其他参数设置采用默认值，见图 7.17。

（3）单击 Next 按钮，生成 Region Means 图层，如图 7.17(b)所示。这个图层用每个像元（对象）的平均光谱值填充，是一幅模拟图像。在 Layer Manager 中可关闭图层。单击➕按钮，会新建一个类别，同时带一个规则（Rule），Rule 下方默认有一个规则。首先单击 New Class 1，将 Class Name 后面的类别名称修改为"道路"；本实验的第一个规则设置为 Band: Normalized Difference，阈值范围设置为-0.2～0.01，剔除植被，如图 7.18(a)和(b)所示。

(a) 输入待分类数据　　　　　　　　　　(b) 自定义波段参数设置

图 7.16　输入分类数据和波段参数设置

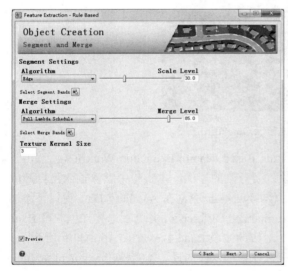

(a) 分割、合并参数设置　　　　　　　　(b) 区域均值分类结果

图 7.17　参数设置和分类结果

右键单击 Rule → Add Attribute，新建一个规则，分别选择 Type: Spectral 和 Name: Spectral Mean，设置第一波段阈值为 210～300，剔除高亮度的建筑物和空地，见图 7.19(a)和(b)。

右键单击 Rule → Add Attribute，新建一个规则，分别选择 Type: Spatial 和 Name: Area，设置阈值大于 1500，剔除面积较小的建筑物和空地，如图 7.20(a)和(b)所示。

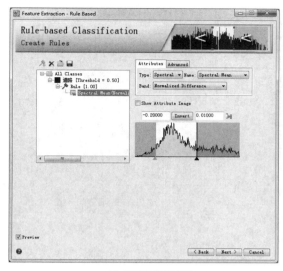

(a) 标准差阈值设置　　　　　　　　　　　　　　(b) 植被（黑色）

图 7.18　阈值设置和分类结果

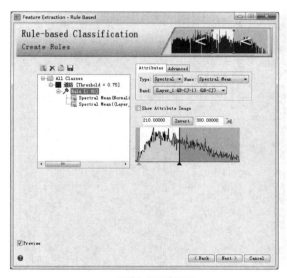

(a) 频谱均值阈值设置　　　　　　　　　　　　(b) 高亮度的建筑物和空地（黑色）

图 7.19　频谱均值阈值设置和分类结果

　　右键单击Rule → Add Attribute，新建一个规则，分别选择 Type: Spatial 和 Name: Elongation，设置阈值大于 3，剔除延伸性小于 3 的地物，如图 7.21(a)和(b)所示。

（4）单击 All Classes 按钮，预览分类结果，如图 7.22 所示。单击 Next 按钮，保存输出结果。

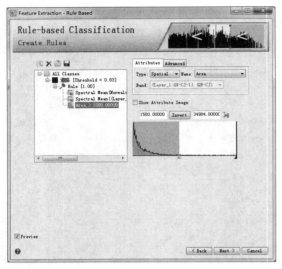

(a) 面积阈值设置   (b) 面积较小的建筑物和空地（黑色）

图 7.20　面积阈值设置和分类结果

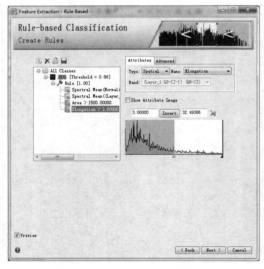

(a) Elongation 阈值设置   (b) 延伸性小于 3 的地物（黑色）

图 7.21　延伸阈值设置和分类结果

（5）把影像数据 QB-CJ 拖至图层的顶部，拖动 🔵 滑块，调节图层透明度，查看道路提取效果，
如图 7.23 所示。

图 7.22　提取道路结果

图 7.23　提取道路叠加到原始影像上

注意：从提取出的道路可以看出，利用面向对象的方法可以快速提取出主干道，从边缘延伸出去的道路由于延伸性不够被剔除，还有部分道路由于光谱和建筑物相近或被行道树遮挡无法提取出来，需要进一步优化提取规则。

第 8 章　遥感制图与三维可视化

本章主要内容:

● 遥感制图
● 三维可视化

8.1　遥感制图

遥感制图是指通过对遥感图像目视判读或利用图像处理系统, 对各类遥感信息进行增强与几何纠正并加以识别、分类和制图的过程[31]。遥感图像有航空遥感图像和卫星遥感图像, 制图方式有计算机制图和常规制图[32]。目前, 遥感制图的主要产品形式有正射影像图、遥感影像地图、三维影像图, 同时还有一些新型的影像地图, 如电子影像地图、多媒体影像地图和立体全息影像地图等[33]。

ENVI 5.4 的制图功能可方便、快捷地将一幅图像制成地图, 并可方便地添加地图比例尺、标题、指北针、方里网等地图要素。

8.1.1　快速制图

快速制图是指根据 ENVI 软件的提示, 逐步进行设置成图, 或者右键单击对应文件图层并选择 Send To ArcMap 成图。ENVI 软件成图大致分为三步: 显示遥感图像, 生成制图模板, 输出制图结果。快速制图过程主要在 ENVI Classic 中进行, 前提是要先打开一幅经过地理坐标定位的图像。下面以一幅 Worldview-2 遥感图像为数据源介绍制图的操作过程。

第一步　显示遥感图像

(1) 单击 "开始", 在 ENVI 5.4 中选择 ENVI Classic 并启动。
(2) 在 ENVI Classic 主菜单中选择 File → Open Image File, 打开 Worldview-2 图像文件 (09DEC31024754-M2AS-052316298040_01_P001)。
(3) 单击 RGB Color 按钮, 选择红绿蓝三个波段对应到 R、G、B 上, 单击 Load RGB 按钮将图像显示到 Display 主窗口中。

第二步　生成制图模板

(1) 选择 File → QuickMap → New QuickMap, 打开 QuickMap Default Layout 对话框 (见图 8.1), 在该对话框中设置制图页面大小、方位和地图比例。页面长宽一般按照图像实际长宽/比例尺＋图框外的区域大小（一般默认为 100 像素）设置。本例中图像空间分辨率为 2m，大小为 2750pix×2450pix，按照 1:2000 的比例计算得到页面尺寸为 280cm×250cm。另外，地图定位方式（Orientation）选择 Portrait，设置完成后单击 OK 按钮。

（2）在弹出的对话框（见图 8.2）中，选择图像范围并设定比例尺。

图 8.1　页面属性设置对话框　　　　图 8.2　选择图像范围并设定比例尺

（3）单击 OK 按钮，打开 QuickMap Parameters 对话框（见图 8.3），设置对应的参数。

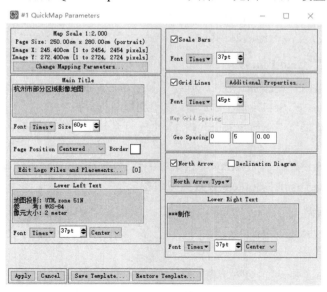

图 8.3　QuickMap Parameters 对话框

（4）Main Title 文本框：输入地图标题"杭州市部分区域影像地图"，字体选择 TrueType 61-80 中的 MingLiu 宋体；Size 为 100。

（5）Lower Left Text 文本框：在文本框中单击右键，选择 Load Projection Info 加载影像投影信息并进行修改。

（6）根据专题地图要求添加比例尺、指北针、方里网等地图要素。

（7）Lower Right Text 文本框：输入版权信息。

（8）单击 Apply 按钮查看制图效果。

第三步　输出制图结果

（1）设置完成后，单击 Save Template 按钮，选择输出路径及文件名，单击 OK 按钮保存，将快速制图的结果保存为制图模板，以备相同像素大小处理时调用。

（2）选择 File → Save Image As → Postscript File，将制图结果输出为打印格式。

（3）在弹出的对话框中选中 Output QuickMap To Printer 或 Standard Printing 复选框。Output QuickMap To Printer 会根据刚开始设置的地图长宽进行正确缩放；Standard Printing 不考虑开始设置的参数，需要进行重新设定。

（4）选择输出路径及文件名，单击 OK 按钮保存成后缀为.ps 的文件，以便使用 Photoshop 等图像处理软件对其进行处理，生成符合打印规范的图像格式。

8.1.2　自定义制图元素

快速制图功能用于生成基本制图结果。ENVI 软件还提供了多种丰富的制图元素，包括虚边框、文本注记、等值线、叠加矢量图层等。

本节内容继续在上一节生成的快速制图结果图像窗口中进行操作。窗口 Overlay 下拉菜单（见图 8.4）中提供了 ENVI 支持的地图制图元素。

1．添加虚拟边框（Grid Lines）

（1）使用图像方里网自动添加。在 Overlay 下拉菜单中选择 Grid Lines，在打开的参数对话框中选择 Option → Set Display Borders 设置虚拟边框。

（2）使用显示参数设置。选择 File → Preference 打开显示参数对话框，在 Display Borders 下设置虚拟边框。

（3）使用注记功能设置。在 Overlay 下拉菜单中选择 Annotation，在打开的参数对话框中选择 Option → Set Display Borders 设置虚拟边框。

2．添加/修改方里网

（1）在 Overlay 下拉菜单中选择 Grid Lines，在打开的参数对话框中设置相应的参数（见图 8.5）。

（2）在 Grid Spacing 中设置格网间隔距离。

（3）设置完成后，单击 Apple 按钮，将其应用到地图显示窗口中。

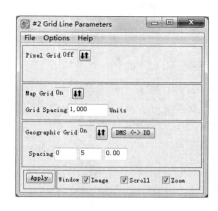

图 8.4　选择 Contour Lines…选项　　　图 8.5　Grid Line Parameters 对话框

3．添加/修改注记（Annotation）

注记是地图制图的基本要素之一，它可以是文字、符号、图形，也可以是图像、图表。ENVI 提供了多种类型的注记供用户使用。

（1）在快速制图的图像显示窗口中，选择 Overlay → Annotation，打开 Annotation Text 对话框（见图 8.6）。

（2）Annotation 对话框菜单栏的 Object 下拉菜单（见图 8.7）中，提供了 ENVI 支持的注记要素：文字（Text）、符号（Symbol）、矩形（Rectangle）、椭圆（Ellipse）、多边形（Polygon）、线段（Polyline）、比例尺（Scale Bar）、方向图表（Declination）、图例（Map Key）、图像（Image）、图表（Plot）。

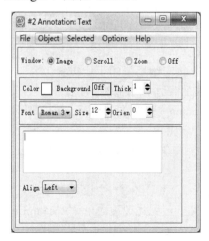

图 8.6　Annotation Text 对话框　　　　　图 8.7　Object 下拉菜单

（3）单击单选按钮 Image、Scroll、Zoom，选择注记放置窗口。

（4）单击鼠标左键放置注记要素，双击鼠标右键确认注记。如果需要修改，可选择 Object 下的 Selection → Edit 进行修改。

4. 叠加分类图像（Classification）

（1）在 Overlay 下拉菜单中选择 Classification，在打开的对话框中选择分类图像并单击 OK 按钮，打开 Interactive Class Tool 对话框。

（2）单击对应类的 On 复选框，将该类叠加其中。

（3）选择 Option → Edit Class Color/names，修改类颜色和名称。

5. 叠加等值线（Contour Lines）

（1）在 Overlay 下拉菜单中选择 Contour Lines，在打开的对话框中选择要生成等值线的图像，单击 OK 按钮。

（2）在弹出的 Contour Plot 对话框中，添加新的等值线、颜色及线型等参数，设置完成后单击 Apply 按钮。

6. 叠加矢量层/感兴趣区（Vectors/Region of Interest）

ENVI 软件支持常见格式的矢量数据。选择 Overlay → Vectors，打开 Vector Parameter 对话框，导入或新建矢量数据即可。

感兴趣区的添加和创建详见前述章节。选择 Overlay → Region of Interest，打开 ROI Tool 对话框，进行相应的操作即可。

8.2　三维可视化

8.2.1　生成三维效果

本节以 Spot5 影像及相应地区的 DEM 数据为例，介绍三维场景的生成步骤。

（1）分别将 053039_spot.tif 和 053039_DEM.tif 数据加载到 ENVI 软件中。

（2）在工具箱中选择 Geometric Correction → Registration → Registration: Image to Map，然后选择 Spot5 影像波段对应到 R、G、B 上，弹出显示窗口。

（3）从窗口菜单中选择 Tools → 3D surface View，在打开的 Associated DEM Input File 对话框中选择 DEM 影像，单击 OK 按钮。

（4）在打开的 3D SurfaceView Input Parameters 对话框（见图 8.8）中设置三维场景参数。其中 DEM Resolution 项为 DEM 分辨率，分辨率越高，可视化速度越低；Resampling 项为重采样方式，有最近邻（Nearest Neighbor）和集合（Aggregate）两种方式供选择；DEM min/max plot value 项为绘制 DEM 的最大值/最小值范围，是可选项；Vertical Exaggeration 项为垂直夸大系数；Image Resolution 项为图像纹理分辨率，有原始大小（full）和设定值（other）两类。

（5）单击 OK 按钮创建三维场景（见图 8.9）。

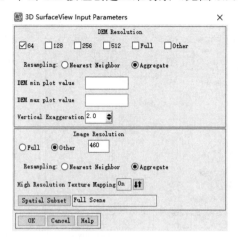

图 8.8　3D SurfaceView Input Parameters 对话框　　　　图 8.9　三维场景

8.2.2　三维场景窗口

ENVI 三维场景窗口由显示窗口和菜单命令组成，菜单命令及其功能如下。

（1）Save Surface As：保存三维场景为图像文件或 VRML 文件。

（2）Surface Control：设置三维场景浏览控制（见图 8.10），其中 Vertical Exaggeration 设置垂直夸大系数，Depth Offset 设置偏移深度，Surface Style 设置三维场景显示类型，Perspective Control 设置观察控制参数。

图 8.10　3D SurfaceView Controls 对话框

（3）Motion Control：设置三维场景飞行控制（见图 8.11），通过 Options → Motion Controls 命令设置飞行路径。

（4）Position Control：三维场景浏览控制（见图 8.12）。其中视点通过地理坐标或像素坐标来设置，参数 Azimuth、Elevation、Height Above ground 分别设置视点的方位角、仰角、高度。

（5）Change Background color：修改场景背景颜色。

（6）Import Vector：导入矢量数据，导入前需在显示窗口中打开，矢量数据颜色也在显示窗口中设置。

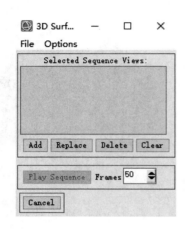

图 8.11　设置三维场景飞行控制　　　图 8.12　设置三维场景浏览控制

（7）Remove Vector：删除矢量数据。

（8）Hide Wire Lines：隐藏/显示网格结构。

（9）Bilinear Interpolation：打开/关闭双线性插值，平滑地形。

（10）Plot Vector Layers：隐藏/显示矢量层。

（11）Plot Vector on Move：交互式定位或平移显示/隐藏矢量层。

（12）Annotation trace：打开/关闭注记飞行路径。

（13）Rest View：三维场景视图初始化为默认状态。

第9章　高光谱分析技术

本章主要内容：

- 标准波谱库
- 创建波谱库
- 交互浏览波谱库
- 重采样波谱
- 分割图像波谱
- 波谱立方体

从最初的全色（黑白）摄影开始，经过彩色摄影阶段和多光谱扫描成像阶段，逐步发展到了今天的高光谱遥感阶段。而如今的高光谱遥感虽然是多光谱遥感的发展，但它的意义却不仅仅是波段数目的增加和波段宽度的减小，它所带来的一些光谱特性和图像特性在遥感技术上是具有里程碑意义的。

首先，高光谱细致地刻画了地物的辐射光谱特性，为地物的精细分类和定量遥感提供了重要基础。其次，由于高光谱波段数目的增加，其蕴含的信息将更加丰富，数据量也随之急剧增大。这些因素都导致了处理高光谱数据的方法相较于多光谱数据的提取和处理存在着差异性。例如，对多光谱数据来说无甚意义的光谱导数分析，在处理高光谱数据时就颇有理论和实用价值。当然，也有很多分析方法对高光谱数据与多光谱数据都是适用的。本章将详细介绍一些基本的高光谱分析技术及操作。

9.1　标准波谱库

ENVI 自带有多种标准波谱库，包括建立在 JPL 波谱库基础上的、0.4～2.5μm 的 160 种"纯"矿物的波谱。美国地质调查局（USGS）给出了 0.4～2.5μm 的近 500 种典型矿物和一些植被的波谱。来自约翰·霍普金斯大学（JHU）的波谱包含 0.4～14μm 的粒径。IGCP246 波谱库由 5 部分组成，它是对 26 个优质样品用 5 个不同的波谱仪测量获得的。植被波谱库由 Chris Elvidge 提供，范围是 0.4～2.5μm。ENVI 5.4 波谱库中新增了 2443 种 Aster 波谱文件，同时对应的波谱工具也有了很大的改进，用户可直观地看到每种波谱库中的文件个数，可更为方便地查看每种波谱文件的波谱曲线。

ENVI 5.4 自带的 5 种波谱库存放在 "…\Harris\ENVI54\classic\spec_lib" 路径下，分别在 5 个文件夹中，由.sli 和.hdr 两个文件组成，如图 9.1 所示。

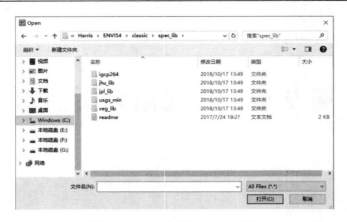

图 9.1　ENVI 自带波谱库文件夹

1．USGS 矿物波谱

存放位置为"…\spec_lib\usgs_min"文件夹，由波谱文件 usgs_min.sli 和头文件 usgs_min.hdr 组成。

USGS 矿物波谱库波长范围为 0.4～2.5μm，包括近 500 种典型的矿物，近红外波长精度为 0.5nm，可见光波长精度为 0.2nm。

2．植被波谱

存放位置为"…\spec_lib\veg_lib"文件夹，来自 USGS 植被波谱库和 Chris Elvidge 植被波谱库。

USGS 植被波谱库波长范围为 0.4～2.5μm，由波谱文件 usgs_veg.sli 和头文件 usgs_veg.hdr 组成，包括 17 种植被波谱，近红外波长精度为 0.5nm，可见光波长精度为 0.2nm。

Chris Elvidge 植被波谱库波长范围为 0.4～2.5μm，包括干植被（veg_1dry.sli、veg_1dry.hdr）和绿色植被（veg_2grn.sli、veg_2grn.hdr）两个波谱库，0.4～0.8μm 波长精度为 1nm，0.8～2.5μm 波长精度为 4nm。

3．JPL 波谱库

存放位置为"…\spec_lib\jpl_lib"文件夹，包括以下 3 个波谱库：① jpl1.sli，粒径 < 45μm；② jpl2.sli，粒径为 45～125μm；③ jpl3.sli，粒径为 125～500μm。

JPL 波谱库 0.4～0.8μm 波长精度为 1nm，0.8～2.5μm 波长精度为 4nm。

4．IGCP264 波谱库

存放位置为"…\spec_lib\jpl_lib"文件夹，5 种波谱仪测量 5 个波谱库。波谱库列表如表 9.1 所示。

表 9.1　IGCP264 波谱库列表

波谱文件	波长范围/μm	波长精度/nm	波谱文件	波长范围/μm	波长精度/nm
igcp-1.sli	0.7～2.5	1	igcp-4.sli	0.4～2.5	近红外0.5,可见光0.2
igcp-2.sli	0.3～2.6	5	igcp-5.sli	1.3～2.5	2.5
igcp-3.sli	0.4～2.5	2.5			

5．JHU 波谱库

存放位置为"…\spec_lib\jhu_lib"文件夹，波谱库种类描述如表 9.2 所示。

表 9.2　JHU 波谱库列表

波谱库文件	地物种类	波长范围/μm	波谱库文件	地物种类	波长范围/μm
ign_crs.sli	粗粒火成岩	0.4～14	minerals.sli	矿物	2.08～25
ign_fn.sli	精细火成岩	0.4～14	sed_crs.sli	粗糙沉积岩	0.4～14
lunar	月球物质	2.08～14	sed_fn.sli	精细沉积岩	0.4～14.98
manmade1.sli	人造原料	0.42～14	snow.sli	雪	0.3～14
manmade2.sli	人造原料	0.3～12.5	soils.sli	土壤	0.42～14
meta_crs.sli	粗糙变质岩	0.4～14.98	veg.sli	植被	0.3～14
meta_fn.sli	精细变质岩	0.4～14.98	water.sli	水体	2.08～14
meteor.sli	陨星	2.08～25			

启动 ENVI 5.4，选择 Display → Spectral Library View，打开如图 9.2 所示对话框，该对话框中显示的就是 ENVI 自带的标准波谱库文件。

图 9.2　Spectral Library Viewer 对话框

打开一个标准波谱库的操作步骤如下。

（1）选择打开 Veg_lib（99）中的几个植被波谱文件。在 Vegetation 波谱库中选择 6 种不同植被的波谱曲线，在图 9.3 中可以看到其对应的波谱曲线，以及波谱文件的属性信息，包括常规信息和曲线信息。

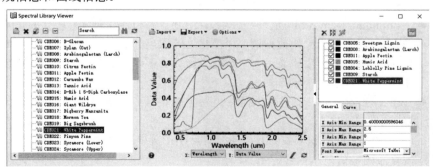

图 9.3　不同植被的波谱曲线

（2）波谱曲线显示窗口的功能。在波谱曲线窗口中可以看到 4 部分内容。

  1）导入文件（Import）。此功能可以导入两种格式的文件，包括 ASCII 和以波谱库形式存在的文件（见图 9.4）。

  2）导出文件（Export）。导出文件的菜单项见图 9.5。导出波谱文件的格式分为 4 大类：

- 常见数据格式：ASCII 与波谱库文件。
- Image、PDF 和 Postscript 输出格式。
- 复制波谱曲线。
- 直接打印曲线或在 PowerPoint 中展示。

  3）选项工具（Options）。选项工具的菜单项见图 9.6。选项工具中有三个功能：

- 打开新的 Plot 窗口：自由拖曳收集的地物波谱。
- 波谱曲线上显示十字丝：一直保持十字丝可见，显示波谱曲线十字丝节点含义。
- 添加波谱图例：不同颜色的波谱曲线代表什么样的地物，更直观方便。

图 9.4　导入数据方式   图 9.5　导出数据方式   图 9.6　选项功能

  4）波谱曲线的 X、Y 轴。X 轴代表：

- Wavelength：（默认显示）影像波长。
- Index：波段 i，i 代表影像的第 i 个波段。
- Wavenumber：波数，即波长的倒数，波数与波长成反比，波长越短，波数就越大。

  Y 轴代表：

- Data Value：（默认显示）影像原始值。
- Continuum Removed（包络线去除）：绘制数据与连续删除。连续的是套在光谱顶部的凸包，它分为原始数据值，以产生连续取出的值。在连续使用的绘制曲线中，它由所显示的第一个和最后一个数据点计算，所以对已缩放的图形在连续的基础上用所显示的数据来计算范围。
- Binary Encoding：二进制编码，重新生成 0 与 1 的波频曲线。

（3）波谱曲线属性显示窗口。

  ：同一窗口中显示多个类的波谱曲线时，不予重叠显示。

  ：恢复原始数值范围曲线显示。

  ：显示或隐藏 Plot Key 与曲线属性。

✖：删除选中的曲线数据。

✖✖：删除全部曲线数据。

▨：如果曲线节点有异常，可通过此工具进行编辑修订。

图 9.7 显示了导出 PNG 格式的波谱曲线。

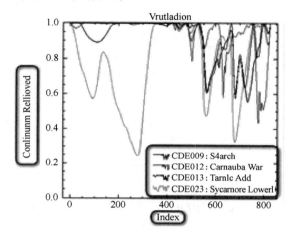

图 9.7　导出 PNG 格式的波谱曲线

9.2　创建波谱库

ENVI 可从波谱源中构建波谱库，波谱来源包括：ASCII 文件、由 ASD 波谱仪获取的波谱文件、标准波谱库、感兴趣区/矢量区域平均波谱曲线、波谱剖面和曲线等。

波谱库建立的操作步骤如下。

1．输入波长范围

（1）在工具箱中，选择 Spectral → Spectral Libraries → Spectral Library Builder，打开 Spectral Library Builder 对话框（见图 9.8）。

（2）为波谱库选择波长范围和 FWHM 值，有三个选项：
- Data File（ENVI 图像文件）：波长和 FWHM 值（若存在）从选择文件的头文件中读取。
- ASCII File：波长值与 FWHM 值的列的文本文件。
- First Input Spectrum：以第一次输入波谱曲线的波长信息为准。

图 9.8　Spectral Library Builder 对话框

选择 First Input Spectrum，单击 OK 按钮，打开 Spectral Library Builder 对话框。

2．波谱收集

在 Spectral Library Builder 对话框中，可从各种数据源中收集波谱，见表 9.3。所有收集的波谱被自动重采样到选择的波长空间。

表 9.3　波谱收集方法说明

菜单命令	功　　能
From ASCII file	从包含波谱曲线 x 轴和 y 轴信息的文本文件中导入波谱曲线。选择好文本文件后，需要在 Input ASCII File 窗口中为 x 轴和 y 轴选择文本文件中的相应列。选择 from ASCII file (previous template)时，将自动按照前面的设置导入波谱信息
from ASD Binary Files	从 ASD 波谱仪中导入波谱曲线。波谱文件将被自动重采样，以匹配波谱库中的设置。当 ASD 文件的范围与输入波长的范围不匹配时，将会产生一个全 0 的结果
from Spectral Library	从标准波谱库中导入波谱曲线
from ROI/EVF from input file	从 ROI 或矢量 EVF 中导入波谱曲线。这些 ROI/EVF 关联相应的图像，波谱就是 ROI/EVF 上每个要素对应图像上的平均波谱
from Stats file	从统计文件中导入波谱曲线。统计文件的均值波谱将被导入
From Plot Windows	从 Plot 窗口中导入波谱曲线

下面介绍从高光谱图像数据中收集波谱。

启动 ENVI，打开高光谱数据 cup95eff.int（实验数据/第 9 章/9.2/data）。收集图像上某个像元的波谱。

（1）选择 Display → Profile → Spectral，在 Spectral Profile 对话框（见图 9.9 左图）中，显示当前鼠标点的剖面曲线。找到要收集的像元，鼠标选中，该像元的波谱曲线即显示在 Spectral Profile 对话框中。

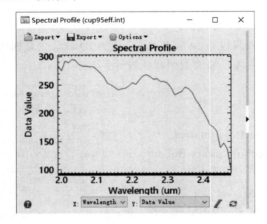

图 9.9　Spectral Profile 对话框

（2）回到 Spectral Library Builder 窗口中，选择 Import → From Plot Windows，将所收集的 cup95eff.int(341, 441)点处的波谱曲线选中并导入（见图 9.9 右图）。

（3）导入的波谱显示在 Spectral Profile 列表中，在 Spectral Library Builder 面板中波谱名称（Spectrum Name）字段对应的记录中，双击鼠标以修改波谱名称。使用同样的方法可修改颜色（Color）字段的信息。

这种方法从图像上获取单个点的波谱曲线；也可获取某个区域的平均波谱曲线，如 ROI 文件或矢量文件。

下面介绍如何收集 ROI 或矢量文件范围的平均波谱。

（1）选择 File → Open，打开 region.roi 样本文件。

（2）在 Spectral Library Builder 窗口中（见图 9.10），选择 Import → from ROI/EVF from input file，选择高光谱文件 cup95eff.int 作为波谱来源。在打开的 Select Regions for Stats Caculation 界面中选择 Open ROI/EVF file 选项，导入 ROI。选中新增的 ROI，单击 OK 按钮，将 ROI 添加到 Spectral Library Builder 窗口中。

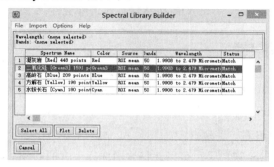

图 9.10　Spectral Library Builder 窗口

（3）选中某一类感兴趣区，如"方解石"，单击 Plot，绘制该感兴趣区的平均光谱曲线（见图 9.11）。

3．保存波谱库

（1）在 Spectral Library Builder 窗口中，单击 Select All 按钮，将样本全部选中。

（2）在 Spectral Library Builder 窗口中选择 File → Save Spectra As → Spectral Library，打开 Output Spectral Library 窗口（见图 9.12）。

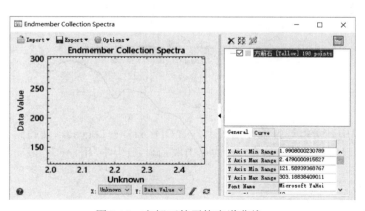

图 9.11　方解石的平均光谱曲线

图 9.12　Output Spectral Library 窗口

（3）在 Output Spectral Library 窗口中，可以输入以下参数：

- Z 剖面范围（Z Plot Range）：空白（Y 轴的范围，根据波谱值自动调节）。
- X 轴标题（X Axis Title）：波长。
- Y 轴标题（Y Axis Title）：反射率。
- 反射率缩放系数（Reflectance Scale Factor）：空白。
- 波长单位（Wavelength Units）：Nanometers。
- X 值缩放系数（X Scale Factor）：1。
- Y 值缩放系数（Y Scale Factor）：1。

（4）选择输入路径及文件名，单击 OK 按钮保存波谱库文件。

9.3 交互浏览波谱库

波谱库浏览器提供了很多交互功能，包括波谱曲线显示细节设置、编辑数据与参数绘制等。选择 Display → Spectral Library Viewer，在出现的窗口中选择若干标准波谱库并浏览其中地物的波谱。

1．波谱曲线显示细节设置

在 Spectral Library Viewer 窗口中，可以选择波谱曲线上方的 Options → Crosshair Always On，使得十字丝移至波谱曲线的每个点时，均能显示其 X、Y 坐标，再次单击关闭十字丝（见图 9.13）。

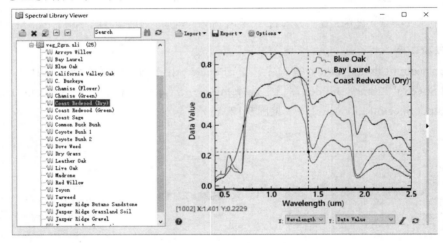

图 9.13　波谱曲线中的十字丝

在 Spectral Library Viewer 窗口中，可以选择波谱曲线上方的 Options → Legend，使图例在波谱曲线右上方出现，显示加载的波谱名称及颜色信息。再次单击取消显示图例，用户亦可拖动图例至合适的位置。

2．编辑数据与绘图参数

在 Spectral Library Viewer 窗口的右侧单击 Show 按钮，可调出隐藏栏（见图 9.14）。在隐藏栏中可以编辑波谱数据、更改绘图参数。

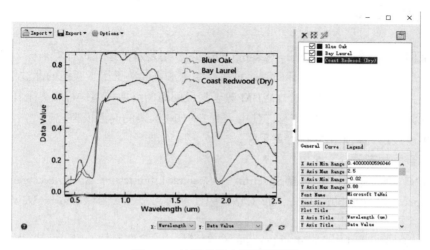

图 9.14　波谱曲线右侧的隐藏栏

（1）编辑波谱数据。在右侧隐藏栏的上方选中波谱，右键选择 Edit Data Values，可修改该波谱的各波段属性值（见图 9.15）。

（2）更改绘图参数。在右侧隐藏栏的下方可以更改绘图中的一些参数。在 General 窗口中可以更改的参数包括：X 轴、Y 轴的显示范围；X 轴、Y 轴的注记名；X 轴、Y 轴的刻度及注记的字体、大小；曲线图标题；边缘设置；背景、前景颜色设置等，如图 9.16 所示。在 Curve 窗口中可以更改不同波谱曲线的名称、颜色、线型、线宽等。

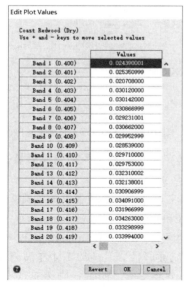

图 9.15　Edit Plot Values 对话框

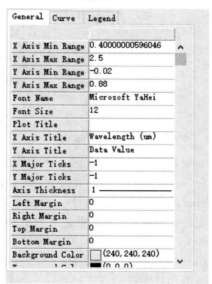

图 9.16　General 窗口参数展示

9.4　波谱重采样

波谱重采样工具（Spectral Library Resampling）的作用是对波谱库进行重采样，即根据已知传感器的滤波信息，对目标波谱库进行匹配。重采样的方法将取决于用于匹配的滤波信息的种类。

（1）仅提供波长信息：采用一个 FWHM 等于波段间距的高斯模型进行临界采样。

（2）提供波长信息与 FWHM 信息：使用一个 FWHM 间隔的高斯模型。

（3）提供滤波函数：采用它进行重采样。

详细操作步骤如下。

（1）在 ENVI 的工具箱中，选择 Spectral → Spectral Libraries → Spectral Library Resampling，在 Spectral Resampling Input File 对话框中（见图 9.17），选择 Open → New File 选项，打开一个波谱库文件。

（2）在弹出的 Spectral Resampling Parameters 对话框中（见图 9.18），在 Resample Wavelength to 单选框中选择一种匹配源，其中：

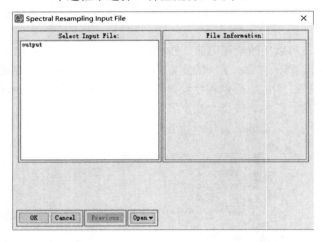

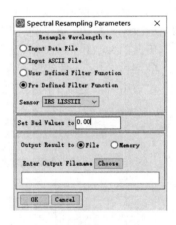

图 9.17　Spectral Resampling Input File 对话框　　　图 9.18　Spectral Resampling Parameters 对话框

1）Input Data File 代表选择一个图像文件作为参考，该文件必须包含中心波长信息。若该文件包含 FWHM 值，则 FWHM 值也将参与到重采样中。

2）Input ASCII File 代表选择一个文本文件，该文本文件中必须包含按列排列的波长信息。在选择该项后，对话框会增加 Wavelength Column, FWHM Column 选项（设定波长列和 FWHM 列）。另外，波长单位已知时，也可在 Wavelength Units 选项中设定。

3）User Defined Filter Function 代表用自定义滤波函数。其应以 ENVI 波谱库格式提供。波谱库以图像的方式打开时，每列描述一个波长值，而每行则表示一个独立的滤波函数。

4）Pre Defined Filter Function 代表选择预定义的滤波函数。选择该选项后，会出现 Sensor 选项菜单，供用户选择预定义的传感器类型。

（3）Set Bad Values to（设置坏波段的值）：当需要对输入波长范围之外的波段（即所谓的"坏波段"）进行重采样时，系统会使用设置的值而不会对其重采样，默认值为 0。

（4）最后，选择文件的输出路径，单击 OK 按钮。

9.5　图像波谱分割

图像波谱分割工具（Spectral Slice）的作用是从一幅多波段图像中提取某个方向上的光谱剖面，可以在三个方向上切割：水平、垂直或任意方向。分割完成后，ENVI 会将其以波谱库的形式存储起来，类似于一幅灰度图像。它具有以下特征：

（1）在行方向上与被分割图像的空间维数相对应。如果进行的是水平分割，那么行数与图像列号一致；如果进行的是垂直分割，那么行数与原图像行号一致；如果进行的是任意分割，那么行数应等于 ROI 内像元的总数。

（2）在列方向上与被分割图像的光谱维数相对应，列数等于波段数。

（3）灰度图像的像元值与被分割的数据相一致。

在 ENVI Classic 中，可以使用 Horizontal Slice（水平分割）、Vertical Slice（垂直分割）和 Arbitrary Slice（任意方向分割）三种工具对图像进行波谱分割。

1．水平分割

使用 Horizontal Slice 工具进行水平分割，提取输入图像一行中所有像元的图像波谱信息。操作步骤如下：

（1）选择 Map → Spectral → Spectral Slices → Horizontal Slice，打开 Spectral Slice Input File 对话框。

（2）在 Spectral Slice Input File 对话框中选择一个图像文件，打开 Spectral Slice Parameters 对话框（见图 9.19）。

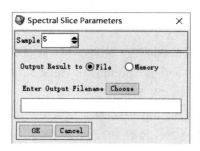

图 9.19　Spectral Slice Parameters 对话框

（3）在 Line 文本框中键入水平分割的行数并确定输出路径，完成分割。

2．垂直分割

使用 Vertical Slice 工具进行水平分割，提取输入图像一列中所有像元的图像波谱信息。操作步骤如下：

（1）选择 Map → Spectral → Spectral Slices → Vertical Slice，打开 Spectral Slice Input File 对话框。

（2）在 Spectral Slice Input File 对话框中选择一个图像文件，打开 Spectral Slice Parameters 对话框。

（3）在 Sample 文本框中键入水平分割的行数并确定输出路径，完成分割。

3．任意方向分割

使用 Arbitrary Slice 工具可以提取任意方向上的图像波谱信息。但在进行任意方向分割之前，必须选取感兴趣区（Region of Interest，ROI）。感兴趣区中包括的所有像元都将参与到波谱分割中。操作步骤如下：

（1）选择 Map → Spectral → Spectral Slices → Arbitrary Slice，打开 Spectral Slice Input File 对话框。

（2）在 Spectral Slice Input File 对话框中选择一个图像文件，打开 Spectral Slice Parameters 对话框。

（3）不同于水平分割与垂直分割，在进行任意方向分割时，需要有 ROI 存在。若只存在一个 ROI，那么它将自动应用于分割；若存在多个 ROI，则需在 Select Region for Spectral Slice 列表中选择一个 ROI。

（4）确定输出路径，完成分割。

9.6　波谱立方体

波谱立方体工具（Build 3D Cube）可在普通二维图像显示的基础上增加一个波谱维度，从而将多光谱或高光谱数据以立方体的形式进行三维显示。在波谱立方体中，ENVI 将高光谱数据的每个波段作为一个图层，并进行密度分割，在用户选定颜色表后，最终合成一个彩色合成图像立方体。操作步骤如下：

（1）在 ENVI Classic 中打开高光谱数据（以 JasperRidge98av_flaash_refl.dat 为例）。

（2）在 ENVI Classic 主菜单中，选择 Spectral → Build 3D Cube。在 3D Cube Input File 对话框中选择高光谱数据，单击 OK 按钮。

（3）在弹出的 3D Cube RGB Face Input Bands 对话框中，单击所需的波段（此例中 RGB 三通道分别载入波段 53、波段 29、波段 19），单击 OK 按钮。

（4）在 3D Cube Parameters 对话框（见图 9.20）中，设置如下参数：

　　1）选择颜色表（Select Color Table Lookup）：选择默认颜色表进行密度分割。

2）波谱缩放系数（Spectral Scale）：波谱维放大系数，主要用于对波段数较少的多波段数据进行三维显示。

3）边框宽度（Border）：波谱维的边框宽度，使用默认的无边框（0）即可。

（5）选择文件输出的路径及名称，单击 OK 按钮执行操作。

（6）在 View 中显示结果（见图 9.21）。

图 9.20　3D Cube Parameters 对话框

图 9.21　高光谱数据波谱立方体

第 10 章 雷达图像处理

本章主要内容：

● 雷达图像的基本处理
● 雷达图像地理编码
● SIR-C 多极化雷达数据处理

　　雷达（SAR）图像与光学图像具有不同的成像模式。SAR 是主动侧视雷达系统，并且成像几何属于斜距投影类型。因此，SAR 图像与光学图像在几何特征、辐射特征方面都有较大的区别。在 SAR 图像的处理中，除了常规的图像处理方法，还需要进行图像的地理编码，将 SAR 图像从斜距模式转换为地距模式。需要注意的是，在从斜距模式到地距模式的转换过程中，尽管我们称之为"地理编码"，但由于转换中使用的参数并不精确，转换后得到的数据与真实的地面坐标可能有一定的误差。极化是雷达数据的一个突出特点。不同极化方式获取的图像信息也不相同，通过极化合成图像，可以获得不同的地面信息。

　　本章使用了如下的雷达数据：

● Envisat ASAR 雷达数据，取自对地观测数据共享服务网http://ids.ceode.ac.cn。
● ASA_IMP_1PNBEI20050523_031417_000000182037_00290_16877_1183.N1。
● ASA_IMP_1PNBEI20050712_015947_000000162039_00003_17592_1468.N1。
● ASA_IMP_1PNBEI20050817_142215_000000182040_00025_18115_1591.N1。
● SIR-C 数据：使用 ENVI 官方提供的教程数据。

10.1　雷达图像的基本处理

　　雷达图像一般具有独立的格式，常用的有 CEOS 格式（如早期的 ERS-1/2、RadarSat-1、JERS-1 等卫星数据和当前的 ALOS-PALSAR 数据）、N1 格式（ENVISAT 及当前发布的 ERS-1/2 等）、HDF5 格式（CosmoSkyMed 数据）和 XML 格式（TerraSAR-X 数据）。甚至同一颗卫星的数据由于被不同机构处理也会形成不同的数据格式（如 ALOS-PALSAR 数据）。在打开处理数据前，首先要确认数据的类型和存储格式。这里以 Envisat 数据为例说明雷达数据的基本处理方法。

10.1.1　数据读取

ENVI 5.4 支持多种雷达数据格式，利用 ENVI 的 Open As 功能可以打开不同格式的雷达数据。对于 Envisat ASAR 数据，打开的步骤如下。

（1）启动 ENVI。

（2）选择 File → Open As → Radar Sensors → Envisat ASAR，打开 ASA_1183.N1 文件，注意这个文件名称中包含了图像获取的日期和轨道信息（见图 10.1）。

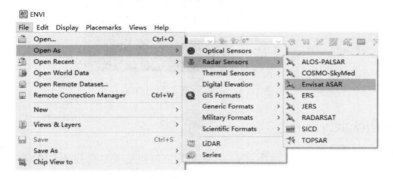

图 10.1　打开 Envisat ASAR 数据

（3）在 Data Manager 中选择 MDS1，然后单击 Load Data 按钮显示图像（见图 10.2 和图 10.3）。

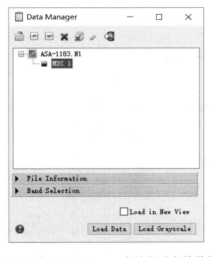

图 10.2　在 Data Manager 中选择对应的数据

图 10.3　打开后的 Envisat ASAR 图像

10.1.2　图像增强

雷达图像的增强与光学图像增强一样，是为了增加图像的可读效果。可以采用与光学图像相同的增强方法对图像进行增强。但由于雷达图像覆盖范围比较大，常规模式的图像增强方法对雷达图像效果不太理想，这里主要采用 Square Root 方法进行增强。

在窗体的菜单栏中，于拉伸工具中选择 Square Root，进行相应的拉伸（见图 10.4）。

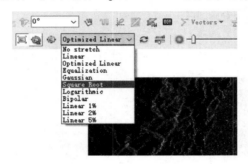

图 10.4　选择合适的拉伸工具

10.1.3　图像滤波

由于成像方式的差异，导致雷达图像存在着大量的斑点噪声。通过不同的滤波方法，可以抑制斑点噪声，常用的雷达图像滤波方法有 Lee 滤波和 Enhance Lee 滤波、Frost 滤波和 Enhance Frost 滤波，以及 Gamma 滤波、Kuan 滤波和 Local Sigma 滤波等。下面以 Enhance Lee 滤波为例说明雷达图像滤波的具体操作过程。

（1）打开一幅雷达图像（参见实验数据/第 10 章/ASA_1591.N1），如图 10.5 所示。

（2）在工具箱中选择 Filter → Enhance Lee Filter。

（3）在弹出的对话框中选择需要进行滤波的雷达图像（见图 10.6）。

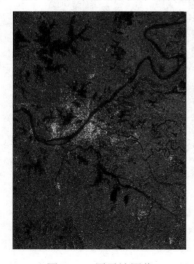

图 10.5　原雷达图像

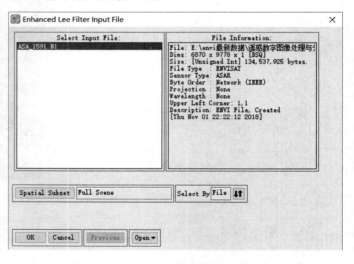

图 10.6　选择需要进行滤波的雷达图像

（4）在弹出的对话框中选择默认参数（见图 10.7），并将输出结果指定到内存（Memory）中，
单击 OK 按钮，即可得到滤波后的雷达图像。结果如图 10.8 所示。

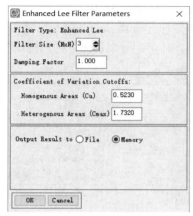

图 10.7　滤波参数选择　　　　　　图 10.8　滤波处理后的雷达图像

10.2　雷达图像的地理编码

由于雷达图像是斜距编码，无法和光学图像进行匹配，因此需要对雷达图像进行地理编码以获
取具有地理坐标的图像。在 ENVI 中，可通过 Georeference 功能来实现。

（1）打开一幅雷达图像（参见实验数据/第 10 章/ASA_1591.N1）。

（2）在工具箱中，选择 Geometric Correction → Georeference by Sensor → Georeference ASAR。

（3）在弹出的对话框 Select ENVISAT File 中选择数据 ASA_1591.N1（见图 10.9）。

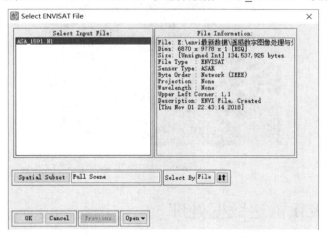

图 10.9　选择需要进行地理编码的 ASAR 数据

（4）在弹出的 Select Output Projection 对话框中选择输出的投影格式。注意这个实验数据是降轨模式的数据，因此需要将 Rotate and Transpose if Descending 设为 Yes，使 Out GCP Filename 保留为空，单击 OK 按钮进入下一步（见图 10.10）。

（5）在弹出的窗口中设定输出参数，这里要把重采样方法 Resampling 改为 Bilinear（见图 10.11），并指定输出文件名称，然后单击 OK 按钮，即可完成雷达图像的地理编码。

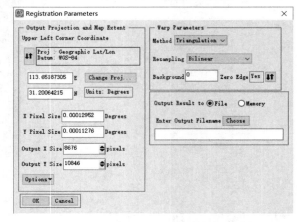

图 10.10　选择合适的投影方式　　　　图 10.11　设定输出文件参数

（6）验证结果。在工具箱中，选择 SPEAR → SPEAR Google Earth Bridge，利用流程化工具将处理结果叠加到 Google Earth 中，可以看到结果与 Google Earth 中的底图基本吻合（见图 10.12）。

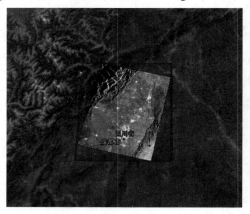

图 10.12　在 Google Earth 中显示结果

10.3　SIR-C 极化雷达数据处理

SIR-C 是搭载在 Space Shuttle Endeavor 飞行器上的多极化合成孔径雷达。本章使用的 SIR-C 数据是 L 波段的单视复数据（Single Look Complex）。

10.3.1　数据多视处理

通过多视（Multi-Look）处理，在距离向和方位向压缩数据的分辨率，以达到减少 SAR 数据中斑点噪声的目的。

（1）在工具箱中选择 Radar → SIR-C → SIR-C Multi-Look，打开如图 10.13 所示的 Input Data Product Files 对话框，单击 Open File 按钮，选择 ndv_l.cdp 文件，然后单击 OK 按钮。

图 10.13　Input Data Product Files 对话框

（2）在 SIRC Multi-Look Parameters 窗口中，将 Pixel Size (m)设置为 26，然后设定输出文件名，再单击 OK 按钮，即可对 SIR-C 数据进行多视处理（见图 10.14）。

这里的实例数据在处理过程中已经进行过多视处理，在实际处理过程中，需要根据数据的实际情况选择多视处理中 Pixel Size 的大小，一般要保证 range 和 az 两个方向上的大小一致。

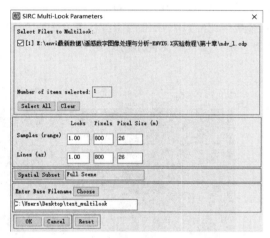

图 10.14　多视处理参数设置

10.3.2　标准极化合成

由于使用的 SIR-C 数据为全极化（四重极化）非成像压缩数据，因此要完整地显示 SIR-C 的影像，必须通过压缩散射矩阵数据来计算并合成 SIR-C 图像。具体操作过程如下：

（1）在工具箱中选择 Radar → SIR-C → Synthesize SIR-C Data。

（2）在出版的对话框中，单击 Open File 按钮，选择 ndv_l.cdp 文件，然后单击 OK 按钮。

（3）在 Synthesize Parameters 对话框（见图 10.15）中的 Select Bands to Synthesize 区域，单击 Select All 按钮，使用四种标准的发送/接收极化组合（HH、VV、HV 和 TP）。

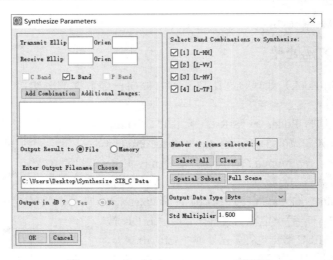

图 10.15　Synthesize Parameters 对话框

（4）在 Enter Output Filename 中设定输出文件名，并在 Output Data Type 下拉菜单中选择 Byte，将输出数据转换为字节型数据，然后单击 OK 按钮。

（5）处理完成后，与四个极化组合相对应的四个波段就会添加到 Data Manager 中，选择合适的波段进行 RGB 组合进行显示（见图 10.16）。

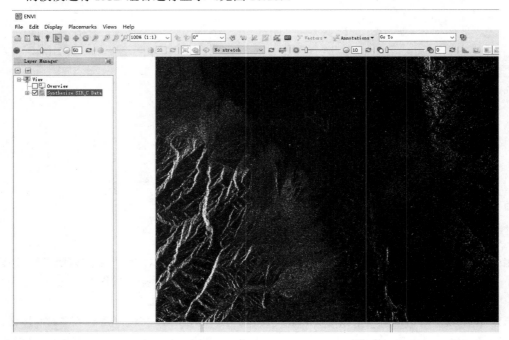

图 10.16　标准极化合成效果图

10.3.3　非标准极化合成

10.3.2 节主要针对 SIR-C 的标准极化合成。对于非标准极化合成图像，可参考以下步骤进行：

（1）在工具箱中，选择 Radar → SIR-C → Synthesize SIR-C Data。

（2）在弹出的对话框中可以看到 ndv_l.cdp 出现在 Selected Files L:区域。如果没有显示，可单击 Open File 按钮打开对应的 ndv_l.cdp 文件，单击 OK 按钮。

（3）在弹出的 Synthesize Parameters 窗口（见图 10.17）中，分别在 Transmit Ellip 和 Orien 中输入−45 和 135。同样，分别在 Receive Ellip 和 Orien 中也输入−45 和 135。然后单击 Add Combination 按钮，生成一幅右侧式环状（right hand circular）极化影像。

（4）在 Transmit Ellip 和 Receive Ellip 文本框中都输入 0，在相应的 Orien 文本框中都输入 30，单击 Add Combination 按钮，生成一幅线性的极化影像，其方位角为 30°。

（5）单击标准极化组合列表下面的 Clear 按钮，关闭已经生成的标准极化波段的组合。

（6）在 Enter Output Filename 中设定输出文件名，在 Output in dB 中选择 Yes 单选按钮，生成以分贝值为单位、值在−50 到 0 之间的影像。

（7）单击 OK 按钮，ENVI 在处理完成之后，与四个极化组合相对应的四个波段就会添加到 Data Manager 中，选择合适的波段进行 RGB 组合进行显示。结果如图 10.18 所示。

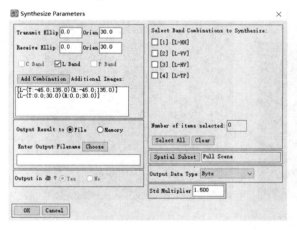
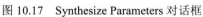

图 10.17　Synthesize Parameters 对话框　　　　图 10.18　非标准化极化合成效果图

10.3.4　SIR–C 地理编码

SIR-C 图像的地理编码方式与前面的 ENVISAT ASAR 地理编码方式基本相同，但 ENVI 仍然给出了 SIR-C 的地理编码功能。

（1）在工具箱中，选择 Radar → SIR-C → SIR-C Slant-to-Ground Range，在弹出的窗口中选择 SIR-C 文件，单击 OK 按钮。

（2）在 Slant Range Correction Input File 窗口中选择极化合成图像，单击 OK 按钮（见图 10.19）。

（3）在弹出的 Slant to Ground Range Parameters 窗口中将 Output pixel size (m) 设为 13.32，将
Resampling Method 选为 Bilinear 方式，然后设定输出文件名称，单击 OK 按钮（见图 10.20）。

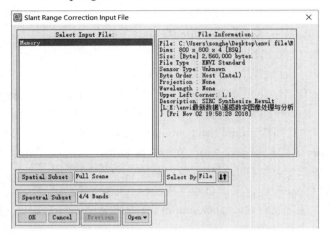

图 10.19　选择输入的极化合成图像　　　　　图 10.20　设定地理编码参数

（4）在主窗口中打开地理编码前后的图像进行对比，如图 10.21 所示。

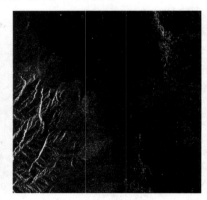

图 10.21　SIR-C 数据地理编码前后的效果对比（左图为编码后的图像）

第 11 章　地形特征提取

本章主要内容：

- 地形建模
- 地形特征提取
- 立体像对 DEM 自动提取
- 等值线插值生成 DEM

数字高程模型（Digital Elevation Model，DEM）是用一组有序数值阵列形式表示地面高程的一种实体地面模型。DEM 是数字地形模型（Digital Terrain Model，DTM）的一个分支，其他各种地形特征值均可由此派生，如坡度、坡向及坡度变化率等地貌特性。DEM 还可以计算地形特征参数，包括山峰、山脊、平原、位面、河道和沟谷等。

建立 DEM 的方法有多种。按数据源及采集方式分类主要有：① 直接从地面测量，例如用 GPS、全站仪、野外测量等；② 根据航空或航天影像，通过摄影测量途径获取，如立体坐标量测仪观测及空三加密法、解析测图、数字摄影测量等；③ 从现有地形图上采集，如格网读点法、数字化仪手扶跟踪及扫描仪半自动采集，然后通过插值生成 DEM 等方法。DEM 的插值方法很多，常用的有整体插值、分块插值和逐点插值三种。

表 11.1 对比了几种创建 DEM 的主要方法。

表 11.1　几种创建 DEM 的主要方法[34]

方　　法	优　　点	缺　　点
航空摄影测量	方法成熟，精度高，可获取大比例尺 DEM	成本高，周期长，且受航空管制
高程点或等高线差值	成本低，操作简单	受数据源的限制，很多地区无高程点或等高线数据
卫星遥感	可大范围获取 DEM	受天气影响较大，目前可获取的比例尺较小
干涉雷达技术	可大范围获取 DEM，不受天气影响	目前获取大比例尺 DEM 较为困难，随着德国高分辨率雷达卫星 TanDEM-X 的上天，情况会有所突破
激光雷达技术	精度高，可获取大比例尺 DEM	起步阶段，技术门槛高

要想快速地获取大范围的 DEM 数据，卫星遥感是一种较好的方法。随着卫星传感器的飞速发展，获取的 DEM 精度越来越高。例如，目前最高分辨率为 0.41m 的商业卫星 GeoEye-1，在使用高质量控制资料时，垂直精度的误差可达 0.5m，可满足 1：5000 地图比例尺的生产。可以立体成

像的卫星主要有 ASTER、ALOS PRISM、CARTOSAT-1、FORMOSAT-2、IKONOS、KOMPSAT-2、OrbView-3、QuickBird、RapidEye、GeoEye-1、WorldView-1/2、SPOT 5/6、Pleiades，以及国产资源三号卫星、资源一号 02C 卫星、天绘卫星等。

由于 DEM 描述的是地面高程信息，因此它在测绘、水文、气象、地貌、地质、土壤、工程建设、通信、军事等国民经济和国防建设，以及人文和自然科学领域有着广泛的应用。例如，在工程建设领域，可用于土方量计算、通视分析等；在防洪减灾领域，DEM 是进行水文分析，包括汇水区分析、水系网络分析、降雨分析、蓄洪计算、淹没分析等的基础；在无线通信领域，可用于蜂窝电话的基站分析等。DEM 还广泛用于生产地图产品，如等高线地图、正射地图等。在遥感应用领域，DEM 用于制图、正射校正和土地利用分类，还可用于高速公路和铁路的规划中。

11.1 地形建模

11.1.1 地形菜单

ENVI 5.4 的 Topographic（地形）菜单（见图 11.1）可对 DEM 数据进行打开、分析和输出等操作。本章实验均在 ENVI Classic 下进行。

- 打开地形文件（Open Topographic File）：可以打开的文件格式有数字地形高程数据（DTED）、美国地质调查局数字高程模型（USGSDEM）、空间数据转换标准（SDTS）格式的 USGS 数字高程模型（USGSSDTSDEM），以及 Shuttle Radar Topography Mission 即航天飞机雷达地形测绘的数字高程模型（SRTM DEM）。

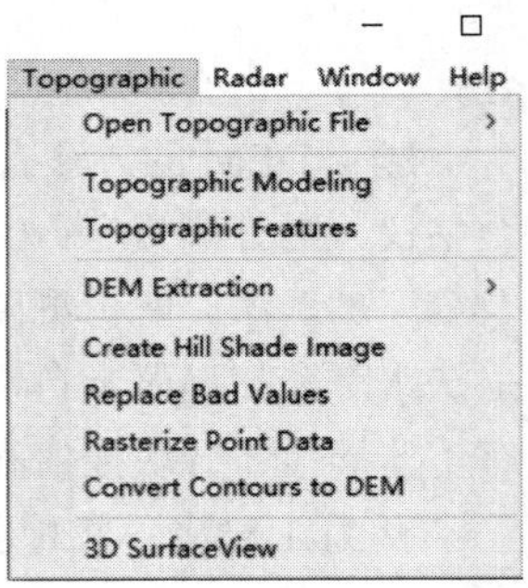

图 11.1 Topographic 菜单

- 地形建模（Topographic Modeling）：可以从地形数据中计算出一些地形模型，包括坡度、坡向、凸面和曲率等。

- 地形特征（Topographic Features）：可以生成一幅分类图像，其中显示河道、山脊、山峰、沟谷、水平面等。

- DEM 提取（DEM Extraction）：能够简单快速地从扫描影像、数字航空影像或沿轨道方向、垂直轨道方向的推扫式卫星传感器等影像创建 DEM。DEM Extraction 模块除了 DEM 自动提取向导，还包括三个 DEM 工具：DEM 编辑工具（Edit DEM Results）、立体 3D 量测工具（Stereo 3D Measurement）和核线图像 3D 光标工具（Epipolar 3D Cursor）。

- 使用菜单中的其他地形工具可以进行以下操作：生成山区阴影图像（Create Hill Shade Image）、替换数字高程数据中的坏值（Replace Bad Values）、不规则点栅格化（Rasterize Point Data）、将矢量地形图转化为栅格 DEM（Convert Contours to DEM），以及对地形数据进行 3D 曲面浏览（3D Surface View）等。

11.1.2　地形建模

使用 Topographic Modeling 选项可对 DEM 数据进行处理，生成阴影地貌表面；计算地形模型参数信息，包括坡度（Slope）、坡向（Aspect）、阴影地貌图像（Shaded Relief）、剖面曲率（Profile Convexity）、水平曲率（Plan Convexity）、纵向曲率（Longitudinal Convexity）、横向曲率（Cross Sectional Convexity）、最小曲率（Minimum Convexity）、最大曲率（Maximum Convexity）及均方根误差（DEM Error）[36]。

- 坡度（Slope）：以"度"或百分比为单位，在水平面上为 0 度。
- 坡向（Aspect）：以"度"为单位，ENVI 将正北方向的坡向设为 0 度，角度按顺时针方向增加。
- 阴影地貌图像（Shaded Relief）：入射角的余弦。
- 剖面曲率（Profile Convexity）：剖面曲率（与 Z 轴所在平面和坡面相交）度量坡度沿剖面的变化速率。
- 水平曲率（Plan Convexity）：（与 XY 平面相交）度量坡向沿平面的变化速率。
- 纵向曲率（Longitudinal Convexity）：（相交于包含坡度法线和坡向方向平面）度量沿着下降坡面的表面曲率正交性。
- 横向曲率（Cross Sectional Convexity）：（与包含坡度法线和坡向垂线的平面相交）度量垂直下降坡面的表面曲率正交性。
- 最小曲率（Minimum Curvature）：计算得到整体曲率的最小值。
- 最大曲率（Maximum Curvature）：计算得到整体曲率的最大值。
- 均方根误差（RMS Error）：表示二次曲面与实际数字高程数据的拟合好坏。

ENVI 地形模型工具使用图像格式的 DEM 文件，而不是原始的 USGS 格式 DEM 数据。例如，USGSDEM、USGSSDTSDEM、DTED、SRTMDEM 等格式都需要通过 File → Open External file → Digital Elevation 或 Topographic → Open Topographic File 选择一种格式打开，ENVI 自动将原始格式的 DEM 转换为 ENVI 标准栅格文件。

具体地形建模步骤如下：

（1）在 ENVI 主菜单中选择 Topographic → Topographic Modeling，在弹出的 Topo Model Input DEM 对话框中，选择一个 DEM 文件。要打开一个新的 DEM 文件，选择 Open → New File。单击 OK 按钮，打开 Topo Model Parameters 对话框（见图 11.2）。

（2）在 Topo Model Parameters 对话框中，选择地形核大小（Topographic Kernel Size）为 5。更改地形核尺寸的目的是提取多尺度地形信息，可以使用不同的变化核提取多尺度地形信息。需要注意的是，地形核越大，处理速度越慢。

（3）在 Select Topographic Measures to Compute 列表中，选择要计算的地形模型信息，本实验选择了全部信息。

（4）单击 Compute Sun Elevation and Azimuth 按钮，在 Compute Sun Elevation and Azimuth 对话框（见图 11.3）中，输入日期和时间：GMT 为 16:45:14，Lat（纬度）为 31 度，Lon（经度）为 110 度。单击 OK 按钮，ENVI 将自动计算出太阳高度角和方位角。

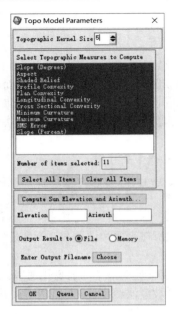

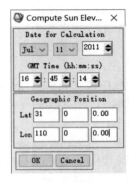

图 11.2　Topo Model Parameters 对话框　　　图 11.3　Compute Sun Elevation and Azimuth 对话框

（5）选择输出路径及文件名，单击 OK 按钮，执行地形建模。

（6）得到的结果是一个多波段图像文件，每个地形模型形成一个波段（见图 11.4）。

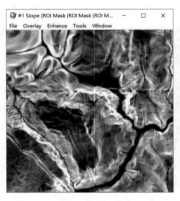

图 11.4　地形模型图像

11.1.3　三维地形可视化

ENVI 的三维可视化功能可将 DEM 数据以网格结构（wire frame）、规则格网（ruled grid）或点的形式显示出来，或者将一幅图像叠加到 DEM 数据上，构建简单的三维地形可视化场景。这两个文件的空间分辨率不必相同。若这两个文件都经过定位，那么它们的投影也可不必相同，ENVI 将在飞行浏览中对 DEM 进行重新投影，使其与图像投影相匹配[37]。

三维地形场景的生成步骤如下：

（1）分别将 SPOT 数据和 DEM 数据文件打开。

（2）在工具箱中，选择 Topographic → 3D Surface View。选择 SPOT 图像文件的 RGB 三个波段，之后在 Associated DEM Input File 对话框（见图 11.5）中选择对应的 DEM 文件。

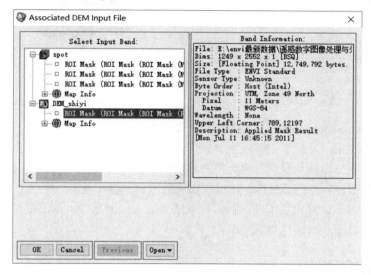

图 11.5　Associated DEM Input File 对话框

（3）在 3D Surface View Input Parameters 对话框（见图 11.6）中，需要设置以下参数：

● DEM 分辨率（DEM Resolution）：使用较高 DEM 分辨率将会减慢可视化的速度。可以选择多个不同的 DEM 分辨率，在三维场景可视化时根据实际需求来回切换。通常，在确定最佳飞行路线时，可以选择最低的分辨率（64）；然后，在显示最终三维曲面飞行时，再选择较高的分辨率。

● 重采样方法（Resampling）：最邻近重采样（Nearest Neighbor）法和像元聚合重采样（Aggregate）法。

● DEM 最大/最小绘制值范围（DEM min plot value 和 DEM max plot value）：可选项。这些值可从 DEM 数据中选取（用来去除背景像素值，或限制 DEM 高程范围）。需要注意的是，低于最小值或高于最大值的 DEM 值将不会绘制在三维场景中。

● 垂直夸张系数（Vertical Exaggeration）：作用于垂直方向的比例放大系数。值越大，夸张程度越高。

● 图像纹理分辨率（Image Resolution）：原始大小（Full）和设定值（Other）。

（4）单击 OK 按钮，创建三维场景（见图 11.7）。

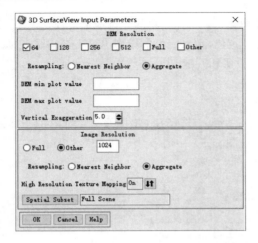

图 11.6　3D Surface View Input Parameters 对话框

图 11.7　三维场景图

（5）在 3D Surface View 窗口中，交互浏览三维场景。

- 单击鼠标左键，并沿水平方向拖动鼠标，将使得三维曲面绕 Z 轴旋转。单击鼠标左键，并沿着垂直方向拖动鼠标，将会使三维曲面绕 X 轴旋转。
- 单击鼠标中键，并拖动鼠标，可以在相应的方向平移（漫游）图像。
- 单击鼠标右键，并向右拖动鼠标，可以增大缩放比例系数。单击鼠标右键，并向左拖动鼠标，可以减小缩放比例系数。

11.2　地形特征提取

ENVI 能够从 DEM 中提取多种地形特征，包括山峰（Peak）、山脊（Ridge）、平原（Pass）、水平面（Plane）、山沟（Channel）和沟谷（Pit）等。

提取地形特征的具体操作如下：

（1）在 ENVI 主菜单中，选择 Topographic → Topographic Features；在弹出的 Topographic Feature Input DEM 对话框中，选择 DEM 文件，单击 OK 按钮。打开 Topographic Features Parameters 对话框（见图 11.8）。

（2）坡度容差（Slope Tolerance）：设为 1；曲率容差（Curvature Tolerance）：设为 0.1。这两个容差用来区分像元是山峰、沟谷、平原还是河道、山脊。被区分为山峰、沟谷或平原的像元，其对应坡度值须小于坡度容差，且垂直方向的曲率必须大于曲率容差。增加坡度容差及减少曲率容差将导致分类输出图像中的山峰、沟谷和平原的数量增多。

（3）地形核大小（Topographic Kernel Size）：7。可以使用不同的核尺寸提取多尺度地形信息。核尺寸越大，处理速度越慢。

（4）在 Select Features to Classify 列表中，选择所有的地形特征。

（5）选择输出路径及文件名，单击 OK 按钮，执行地形特征提取。

（6）得到分类图像（见图 11.9）。

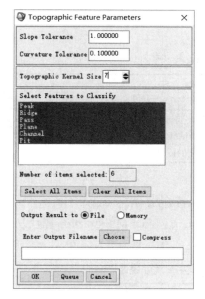

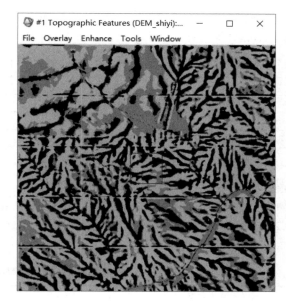

图 11.8　Topographic Features Parameters 对话框　　　　图 11.9　输出的分类图像

11.3　立体像对 DEM 自动提取

在 ENVI 中，利用立体像对自动提取 DEM 时，首先需要确认是否拥有 DEM Extraction 扩展模块的使用许可。

提取 DEM 的流程总体上分为 6 步，如下所示。

（1）输入立体像对。需要两个具有重叠区的黑白影像，带有 RPC 文件。RPC 文件用来产生 Tie 点（连接点）和计算立体图像之间的关系。

（2）定义地面控制点。如果没有地面控制点信息，那么 DEM 自动提取向导执行的结果是以卫星默认的地势面作为基准面的相对 DEM；在有地面控制点信息情况下，可以得到绝对 DEM。

（3）定义连接点。采用手动或自动的方式在两个影像上寻找同名点。

（4）设定 DEM 提取参数。参数包括坐标投影、像元大小、插值算法和参数等。

（5）输出 DEM 并检查结果。

（6）编辑 DEM。获取的 DEM 属于 DSM（数字表面模型），根据需要可去除如树高、房子高度等信息，将 DSM 变成真正的 DEM。如果影像上有厚云，这部分区域的 DEM 实际上是云的高度，也需要进行局部的修改。

11.3.1　DEM 自动提取操作步骤

本节内容以 CARTOSAT-1（P5）数据为例，介绍从立体像对中提取 DEM 的详细操作步骤。表 11.2 是数据文件的详细说明。

表 11.2　CARTOSAT-1（P5）数据[38]

文　件	说　明	文　件	说　明
BANDA.TIF	左影像图像文件	BANDF_MET.TXT	右影像元数据文件
BANDA_MET.TXT	左影像元数据文件	BANDF_RPC.TXT	右影像 RCP 文件
BANDA_RPC.TXT	左影像 RCP 文件	Tie.pts	连接点文件
BANDF.TIF	右影像图像文件	P5GEOTIFF.DOC	数据格式说明文件

第一步　输入立体像对

（1）在主菜单中，选择 File → Open Image，打开 BANDA.TIF 和 BANDF.TIF 文件。

（2）在主菜单中，选择 Topographic → DEM Extraction，打开 DEM Extraction 模块功能命令，菜单命令及其功能说明如表 11.3 所示。

表 11.3　DEM Extraction 模块菜单命令及其功能说明[39]

菜单命令	功能说明
DEM Extraction Wizard	DEM 自动提取向导
NEW	新建 DEM 自动提取向导工程
USE Previous File	打开 DEM 自动提取向导工程文件
Select Stereo GCPs	选择立体像对的地面控制点（GCP）
Select Stereo Tie Points	选择立体像对的连接点（Tie）
Build Epipolar Images	创建核线图像
Extract DEM	提取 DEM，需要控制点文件、连接点文件等外部辅助文件
Edit DEM Result	编辑 DEM 结果
Stereo 3D Measurement	立体 3D 量测工具
Epipolar 3D Cursor	核线图像 3D 光标工具

（3）选择 DEM Extraction Wizard → New，打开 DEM Extraction Wizard 对话框（见图 11.10），其中包括 9 个小步骤。

（4）单击 Select Stereo Images 按钮，选择 BANDA.TIF 作为左视图像（Left image），并选择 BANDF.TIF 作为右视图像（Right image）。一般推荐垂直获取图像（nadir-viewing）或观测角度小的影像作为左视图，推荐非垂直（off-nadirviewing）获取图像作为右视图。也可通过简单对比立体像对两幅影像的地面分辨率，分辨率高的作为左视图。

（5）系统自动根据自带的星历参数文件获得图像区域的最大高程和最小高程，也可根据已知信息手动输入。

（6）单击 Next 按钮，进入 Step 2。

第二步　定义地面控制点

DEM Extraction Wizard 的 Step 2 共有三种控制点定义方法（见图 11.11）。

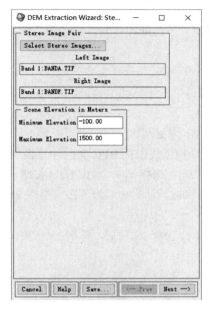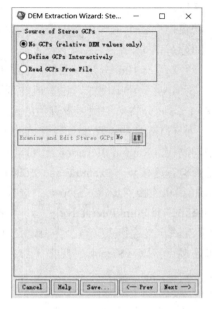

图 11.10　DEM Extraction Wizard 对话框　　　图 11.11　选择定义地面控制点方式

（1）No GCPs (relative DEM values only)。无控制点，选择该选项得到的 DEM 是相对高程。

（2）Define GCPs Interactively。交互式选择控制点。选择该选项后，单击 Next 按钮，打开交互定义地面控制点界面。控制点的选择过程与几何校正相似。

（3）Read GCPs From File。从外部文件（.pts）中读取控制点。

由于缺少地面控制点数据，故本实验中选择 No GCPs (relative DEM values only)，单击 Next 按钮，进入 Step 3。

第三步　定义连接点

Step 3 提供了三种定义连接点的方法。

（1）Generate Tie Points Automatically

基于区域灰度匹配法自动寻找重叠区的连接点，如图 11.12 所示。

以下是几个参数的说明。

● 连接点数目（Number of Tie Point）：60。需要寻找连接点的数量。

● 搜索窗口大小（Search Window Size）：481。大于等于 21 的任意整数，且必须比移动窗口大。该参数的值越大，找到匹配点的可能性也越大，但同时要耗费更多的计算时间。大致确定搜索窗口大小的方法是：在立体像对（带有粗略地理坐标）的两幅图像上找到一个同名点，量测这两幅图像上同名点间的距离 D（像素单位），搜索窗口大小可设置为$(D+1)\times 2$。

- 移动窗口大小（Moving Window Size）：41。在搜索窗口中进行检查，寻找地形特征匹配的小区域。移动窗口大小必须是奇数。最小的移动窗口大小是 5，即 5×5 像素。使用较大的移动窗口会获得更加可靠的匹配结果，但也需要更多的处理时间。移动窗口的大小与图像空间分辨率有关，参照如下设置：
  - ➢ 大于等于 10m 分辨率图像，设置值的范围是 9～15。
  - ➢ 5～10m 分辨率图像，设置值的范围是 11～21。
  - ➢ 1～5m 分辨率图像，设置值的范围是 15～41。
  - ➢ 小于 1m 分辨率图像，设置值的范围是 21～81 或更高。
- 平均高程（Region Elevation）：自动从图像读取，根据提供的 RPC 文件计算得到。
- 是否检查连接点（Examine and Edit Tie Point）：Yes。选择 Yes，单击 Next 按钮，进入查看/添加/编辑连接点步骤（Step 4）；选择 No，直接跳过查看/添加/编辑连接点步骤（Step 4）。

（2）Define Tie Point Interactively

人工交互式定义连接点（至少需要定义 9 个连接点）。选择此选项后，单击 Next 按钮进入查看/添加/编辑连接点步骤（Step 4），见图 11.13。

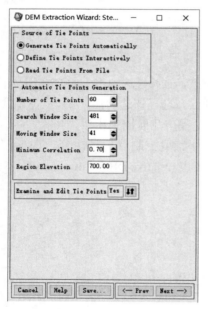

图 11.12　Step 3 自动寻找重叠区的匹配点

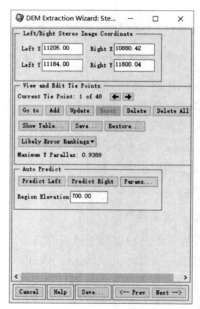

图 11.13　Step 4 查看/添加/编辑连接点

（3）Read Tie Points From File

读取外部连接点文件（.pts）。Examine and Edit Tie Points 项选择 Yes 时，单击 Next 按钮，将进入查看/添加/编辑连接点步骤（Step 4）；选择 No 时，直接跳过查看/添加/编辑连接点步骤（Step

5）（见图 11.13）。

本例中选择 Generate Tie Points Automatically。按照上述内容设置好参数后，单击 Next 按钮，进入查看/添加/编辑连接点步骤 Step 4（见图 11.13）。利用这个对话框上的功能按钮手动添加新的连接点，编辑已选择的连接点。每个按钮命令的功能说明如表 11.4 所示。当连接点数量大于 9 且最大 Y 方向视差（Maximum Y Parallax）的值小于 10（以像素为单位）时，单击 Next 按钮，进入 Step 5。

表 11.4　查看/添加/编辑连接点界面按钮命令及功能说明

按钮名称	功　　能
Goto	定位到当前选择的连接点
Add	将左右图像的光标定位到同一位置，单击此按钮新增连接点
Update	选择一个需要编辑的连接点，移动左右图像 Zoom 窗口的十字光标重新定位一个新位置。单击此按钮，用当前位置更新连接点的位置
Reset	重设当前选择的连接点，使其回到最初位置，取消之前对该点的所有编辑
Delete	删除当前选择的连接点
Delete All	删除所有连接点
Show/Hide Table	打开/关闭连接点列表
Save	将定义的连接点保存为外部文件
Restore	打开外部连接点文件
Predict Left	在右图像上定位一个连接点后，利用此按钮可在左图像上预测大概位置
Predict Right	在左图像上定位一个连接点后，利用此按钮可在右图像上预测大概位置
Params	设置预测点参数，包括搜索窗口和移动窗口的大小

注意：

① 如果最大 Y 方向视差大于 10，需要编辑自动寻找的 Tie 点。单击 Show Table，选择 Sort Table By Error，误差大的点排在前面，逐个选择 Tie 点查看精度，将偏离较大的点进行微调或直接删除。

② 自动寻找的 Tie 点分布有间隙，可以手动增加一些点，充分利用 Predict Left（或 Right）预测功能可以提高效率。

③ 可先单击 Delete All 按钮删除所有点，再单击 Restore 按钮加载提供的 Tie.pts 文件。

在 Step 5 中（见图 11.14），利用连接点计算生成核线图像（Epipolar Image）。核线图像描述了立体像对之间的像素关系，可以利用立体眼镜浏览三维效果。

该模块包括：

（1）分别为左、右核线图像选择保存路径及文件名。

（2）核线图像缩放系数（Epipolar Reduction Factor），默认值为 1（不缩放）。

（3）单击 RGB = Left, Right, Right…或 RGB = Right, Left, Left…按钮，在 Display 窗口中显示核线图像（见图 11.15），可以利用立体眼镜浏览三维效果。

（4）单击 Next 按钮，进入设定输出参数步骤 Step 6。

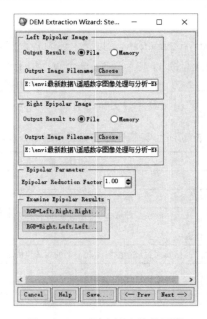

图 11.14　Step 5 输出核线图像

第四步　设定输出参数

Step 6 可设定输出 DEM 的投影参数、像元大小和范围（见图 11.16）。单击 Next 按钮，进入 Step 7。

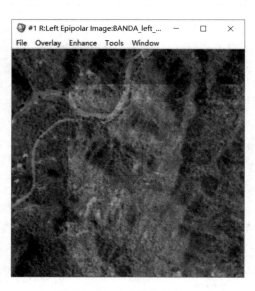

图 11.15　显示核线图像

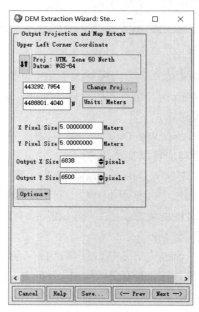

图 11.16　设定输出 DEM 的投影参数、像元大小和范围

Step 7 可以设定 DEM 输出参数（见图 11.17）。

（1）需要设定如下参数：

- 最小相关系数阈值（Minimum Correlation）：范围为 0～1，用以评价两个点匹配的好坏。阈值越大，匹配精度越高，能得到的匹配点越少。一般设定为 0.65～0.85。
- 背景值（Background Value）：DEM 的背景像素值。
- 外边界清理焊缝（Edge Trimming）：范围为 0.0～0.6。设定输出 DEM 外边界清理焊缝宽度，用其占整个 DEM 的百分比来表示。
- 移动窗口大小（Moving Window Size）：定义计算两图像相关性的范围大小，用来执行图像匹配，值越大越可靠，精确的匹配结果越少，计算量越大。
- 地形地貌（Terrain Relief）：分为 Low、Moderate 和 High 三个级别。Low 用于覆盖平坦的区域地形；Moderate 用于大多数地形；High 用于山区，地形、地貌变化明显的区域。
- 地形细节（Terrain Detail）：设置 DEM 地形细节等级。等级越高，生成的 DEM 越精细，处理时间越长。
- 数据输出类型（Output Data Type）：16 位的 Integer 和 32 位的 Floating Point。

（2）选择 DEM 输出路径及文件名。

（3）单击 Next 按钮，执行 DEM 生成过程，进入 Step 8（见图 11.18）。

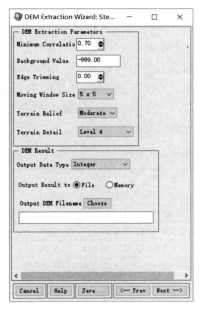
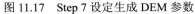

图 11.17　Step 7 设定生成 DEM 参数

图 11.18　Step 8 产生 DEM 结果

第五步　输出 DEM 及检查结果

Step 8 已经产生了 DEM 结果（见图 11.18），单击 Load DEM Result to Display 按钮，可将产生的 DEM 结果显示在 Display 窗口中（见图 11.19）。

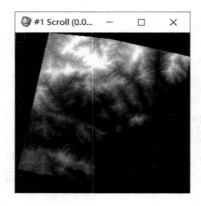

图 11.19　生成的 DEM

第六步　编辑 DEM

在 Step 8（见图 11.18）中，单击 Load DEM Result to Display with Editing Tool 按钮，出现编辑窗口，可以对生成的 DEM 进行编辑（具体操作见下一节）。

单击 Save 按钮，将整个操作流程保存为工程文件；单击 Finish 按钮，完成整个 DEM 的提取流程。

11.3.2　编辑 DEM

在 ENVI 5.4 中编辑 DEM 有两种方法：一种是在 DEM 自动提取向导的 Step 8 中，单击 Load DEM Result to Display with Editing Tools 按钮，打开 DEM 编辑工具并将 DEM 数据显示在 Display 中；另一种是在主菜单中，选择 Topographic → DEM Extraction → Edit DEM Result，打开 DEM 编辑工具。DEM 编辑工具提供如表 11.5 所示的 7 种 DEM 数据高程值编辑方法。

表 11.5　编辑 DEM 高程值的 7 种方法[40]

方　法	说　明
Replace with value	用指定的值替换感兴趣区内的高程值，需要设定一个替代常量
Replace with mean	用感兴趣区内原来的平均高程值替换整个感兴趣区内的高程值
Smooth	对感兴趣区内执行低通卷积滤波，需要设定一个卷积核，默认为 3×3
Median Filter	对感兴趣区内执行中值卷积滤波，需要设定一个卷积核，默认为 3×3
Noise Removal	如果感兴趣区内原高程值大于其周围高程值的标准差，则用周围高程值的中值代替
Triangulate	用三角插值算法对感兴趣区内的高程值重新插值
Thin Plate Spline	用薄板样条插值算法对感兴趣区内的高程值重新插值

编辑 DEM 的具体操作步骤如下：

（1）在主菜单中，选择 Topographic → DEM Extraction → Edit DEM Result，在文件选择框中选择需要编辑的 DEM 数据，打开 DEM Editing Tool 窗口（见图 11.20）。

（2）选择 ROI 定义窗口（Window）：本实验中选择 Image。

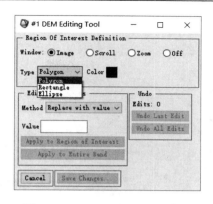

图 11.20　DEM Editing Tool 窗口

（3）选择 ROI 定义类型（Type）：选择 Polygon。

（4）选择像素值编辑方法（Method）：选择 Replace with mean。

（5）在 Image 窗口单击鼠标左键绘制多边形，单击鼠标右键闭合多边形。

（6）在 DEM Editing Tool 对话框中，单击 Apply to Region of Interest 按钮，执行编辑。

（7）在 Image 窗口中，单击鼠标中键删除已绘制的 ROI 区域，重复上述步骤 4～5 继续编辑其他区域的 DEM。

（8）在 Undo 功能区内显示了编辑次数，利用 Undo Last Edit 或 Undo All Edits 按钮可以取消上次的编辑操作或所有的编辑操作。

（9）完成所有的 DEM 编辑区域后，单击 Save Changes 按钮，保存修改结果。

11.3.3　立体 3D 量测工具

立体 3D 量测工具（The Stereo Pair 3D Measurement Tool），可以从立体像对中量测一个点的高程信息，并可以输出为 ASCII 文件、EVF 矢量文件和 ArcView 3D shapefile 文件。

具体操作过程如下：

（1）在主菜单中，选择 File → Open Image，打开 BANDA.TIF 和 BANDF.TIF 文件。

（2）选择 Topographic → DEM Extraction → Stereo 3D Measurement，选择 BANDA.TIF 作为左视图像（Left Stereo Pair Image），选择 BANDF.TIF 作为右视图像（Right Stereo Pair Image）。打开 Stereo 3D Measurement Tool 对话框（见图 11.21）。

（3）在左视图像或右视图像窗口中将 Zoom 的十字光标定位到需要收集的点位。单击 Predict Right 或 Predict Left 按钮，可以预测另外一幅图像上的对应位置。如果预测精度太差，那么可单击 Params 按钮，将 Search Window size 的值调大一些，或者手动进行调整。

（4）单击 Get Map Location 按钮，获取当前位置的坐标。

（5）单击 Export Location 按钮，导出坐标信息（见图 11.22）。

（6）在 ENVI Point Collection 对话框中，可查看所有收集的点的坐标信息。选择 File → Save Point As 选择一种保存格式。

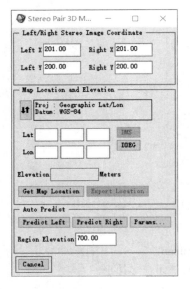

图 11.21　Stereo 3D Measurement Tool 对话框

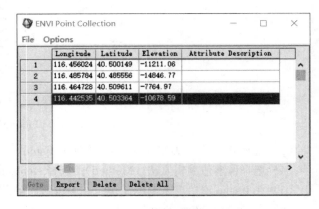

图 11.22　导出的坐标信息

11.3.4　核线图像 3D 光标工具

核线图像 3D 光标工具（Epipolar 3D Cursor），可以在 3D 立体视图环境中，基于已存在的核线立体图像做 3D 量测，并可输出为 ASCII 文件、EVF 矢量文件和 ArcView 3D shapefile 文件。

使用这个工具前，必须确保有核线图像构成立体像对。生成核线图像的方法有两种：一是由 DEM 自动提取向导 Step 5（见图 11.14）中的 Generating Epipolar Image 生成，二是选择 Topographic → DEM Extraction → Build Epipolar Images 生成。

（1）在主菜单中，选择 Topographic → DEM Extraction → Epipolar 3D Cursor。分别选择已生成的左右核线图像。单击 OK 按钮，则左核线图像作为红色波段、右核线图像作为蓝色波段显示在 Display 中，同时打开 Epipolar 3D Cursor 对话框（见图 11.23）。

（2）在主图像窗口中，鼠标显示为红色和蓝色指针。当用立体眼镜观察时，两个指针合并为一个指针。指针的控制是通过鼠标和键盘来完成的。

- 鼠标移动：移动 3D 指针。
- 鼠标左键：使 3D 指针吸住（Snap）地面。
- 鼠标中键：将当前点的(X, Y, Z)坐标导入 ENVI → Point Collection Table。
- 向上箭头（键盘）：向上移动 3D 指针一个像素单位。
- 向下箭头（键盘）：向下移动 3D 指针一个像素单位。
- 向右箭头（键盘）：向右移动 3D 指针一个像素单位。
- 向左箭头（键盘）：向左移动 3D 指针一个像素单位。
- 加号（+）（键盘）：增加 3D 指针表观高程。
- 减号（−）（键盘）：减少 3D 指针表观高程。

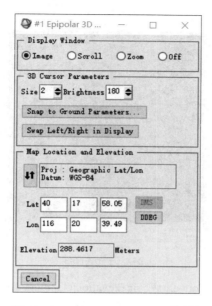

图 11.23　Epipolar 3D Cursor 对话框

（3）在主图像窗口中，移动鼠标到需要收集的位置，单击鼠标左键使得 3D 指针吸住地面。

（4）对 3D 指针定位位置满意时，单击鼠标中键将当前点的(X, Y, Z)坐标导入 ENVI Point Collection Table。

11.4　等值线插值生成 DEM

11.4.1　矢量等高线插值 DEM

等值线（Contour）是 DEM 的一种表达方式，是由数值相同的点依次连接而成的曲线。等值线插值法是比较常用的 DEM 生成算法，它根据局部等值线上的高程点，通过插值公式计算各点的高程，得到 DEM。ENVI 的 Convert Contours to DEM 工具采用线性（Linear）或五次多项式插值（Quintic）算法，对矢量等高线进行插值，输出一个连续的栅格 DEM 文件。

矢量数据必须是 ENVI 矢量格式数据（.evf）。如果矢量数据是其他格式（如 shapefile），那么在 ENVI 中打开该格式的文件时，ENVI 会自动将该格式的矢量数据转换成 ENVI 矢量格式。EVF 文件必须包含用于指定每个矢量等高线的高程属性文件，即.dbf 文件。图 11.24 为本节实验所需的矢量等高线文件，该等高线是在 ArcGIS 中利用已有 DEM 数据提取获得的。

启动 Convert Contours to DEM 工具的方式有两种：一是通过主菜单选择 Topographic → Convert Contours to DEM，二是选择 Vector → Convert Contours to DEM。

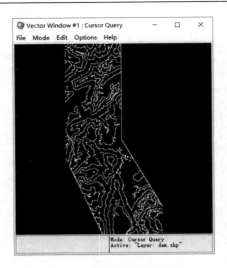

图 11.24　矢量等高线文件

选择矢量等高线数据，打开 Convert Vector Elevation Contours to Raster DEM 对话框（见图 11.25），需要定义如下参数。

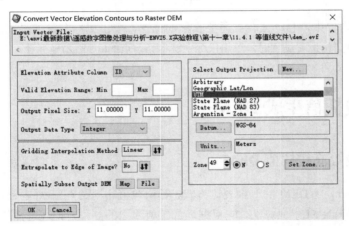

图 11.25　Convert Vector Elevation Contours to Raster DEM 对话框

（1）高程属性字段（Elevation Attribute Column）：选择存储高程信息的字段。

（2）设置有效高程范围（Valid Elevation Range）：可选项，设置用于插值的高程值。

（3）输出像元大小（Output Pixel Size）：根据矢量信息自动计算一个值，如重新设置一个值，要适当大于矢量节点的采样距离。

（4）输出数据类型（Output Data Type）：根据高程值覆盖范围选择一个数据类型，本例中选择 Integer。

（5）插值算法（Gridding Interpolation Method）：线性（Linear）或者五次多项式插值（Quintic）。

（6）是否外推图像边沿（Extrapolate Edge of Image）：Yes 或 No。

（7）选择空间子集（Spatially Subset Output DEM）：基于地图坐标范围（Map）或文件（File）。

（8）定义输出投影参考（Select Output Projections）：WGS-84，Zone49。

（9）单击 OK 按钮，打开 DEM Output Parameters 对话框，选择 DEM 输出路径及文件名，单击 OK 按钮，执行操作，得到 DEM 图像（见图 11.26）。图 11.27 至图 11.29 分别是原 DEM 图像、由等值线插值生成的 DEM 3D 图像和由原 DEM 生成的 3D 图像

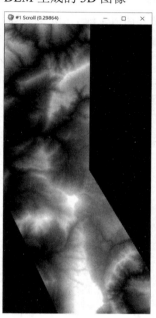

图 11.26　等值线插值生成的 DEM 图像　　　　图 11.27　原 DEM 图像

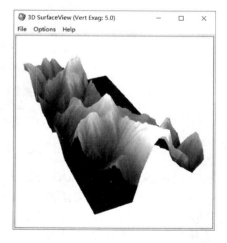

图 11.28　由等值线插值生成的 DEM 3D 图像　　　图 11.29　由原 DEM 生成的 3D 图像

11.4.2 高程点文件插值 DEM

ENVI 的 Rasterize Point Data 工具基于 Delaunay 三角测量原理，用线性（Linear）或五次多项式插值（Quintic）算法，将 ASCII 文本类型的不规则点数据插值为一幅栅格图像（DEM）。

本例中所用 DEM 数据来自 SRTM 90m DEM 数据[41]，高程点文件是通过 ArcGIS 软件利用该 DEM 数据获取的。

高程点文件插值生成 DEM 的具体步骤如下：

启动 Rasterize Point Data 工具的方式有两种：一是通过主菜单选择 Topographic → Rasterize Point Data；二是选择 Vector → Rasterize Point Data。

（1）在 Enter ASCII Grid Points Filename 对话框中选择需要输入的高程点文件。

（2）在 Input Irregular Grid Points 对话框（见图 11.30）中，使用增减箭头按钮输入包含 X、Y 位置和 Z 数据值的列数，从列表中选择输入点的投影类型，单击 OK 按钮，打开 Gridding Output Parameters 对话框（见图 11.31）。

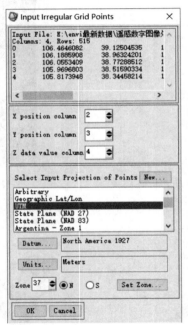

图 11.30　Input Irregular Grid Points 对话框

（3）在 Gridding Output Parameter 对话框中，设置相应的参数：输出投影类型；输出像元大小（Output Pixel Size）；插值算法（Interpolation）：线性（Linear）；是否外推图像边沿（Extrapolate Edge）：No。输出数据类型（Type）：Integer。

（4）选择 DEM 数据路径及文件名。

（5）单击 OK 按钮，执行插值，生成 DEM 图像（见图 11.32），图 11.33 显示了原 DEM 图像。

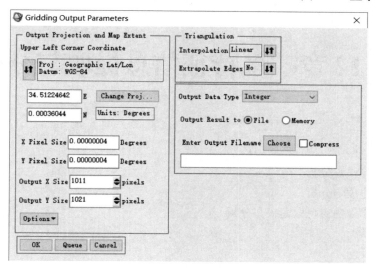

图 11.31　Gridding Output Parameters 对话框

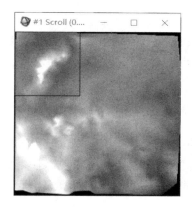

图 11.32　由高程点插值生成的 DEM 图像

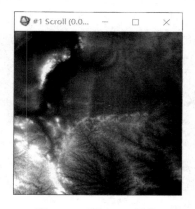

图 11.33　原 DEM 图像

第 12 章　多特征信息提取与分析

本章主要内容:

● 水体提取建模与分析
● 植被提取建模与分析
● 高分辨率影像阴影提取建模与分析
● 气溶胶反演
● 地表温度反演

多特征信息提取建模是遥感数字图像处理技术的综合应用和拓展。本章的目的是通过 ENVI 软件的建模实践,使学生将前期学习的 ENVI 的操作技能融入实际专题信息提取,从而提高其解决实际问题的能力。本章介绍水体提取建模与分析、植被提取建模与分析及高分辨率影像阴影提取建模与分析。

12.1　水体提取建模与分析

水体是天然或人工形成的水的聚集体。水体的物质组织、结构组织、形态及空间分布特征等都与植被、土壤、人工建筑等的明显不同。目前,水体提取的方法主要有水体指数法、多波段谱间关系法、比值法和决策算法等,其中最常用的是多波段谱间关系法和水体指数法。下面以 Landsat ETM+影像为例进行建模实验。

12.1.1　TM 影像水体特征及水体提取模型

1. 水体及典型地物的光谱特征分析

水体的反射率在可见光范围内总体上比较低,一般为 4%～5%,并具有随波长增大逐渐降低的特征,其反射率在蓝绿光波段最高,在近红外波段最低,几乎完全吸收,因此水体在影像上呈暗色调,水陆界线相对比较清楚,利用此特性和不同波谱间的水体光谱特征可以将水体提取出来。

基于 ENVI 5.4 通过 Vector Layer 建立感兴趣区,并用 Compute Statistics 对 TM 影像中的水体、阴影、植被和居民地等地物光谱特征进行统计,如表 12.1 所示。

表 12.1　水体及相关地物的典型光谱值（均值）

波段	水体	阴影	居民地	植被
1	80	62	85	68
2	64	37	71	40
3	55	30	74	42
4	32	29	75	98
5	17	18	75	66
7	13	11	55	34

注意：实验中每个学生要重新进行统计，并对结果进行分析、研究。

2．典型的水体提取模型

（1）典型的水体指数模型

1）归一化差异水体指数（NDWI）是 McFeeters[42]在归一化植被指数（NDVI）启发下提出的，其针对 ETM+影像的计算公式为

$$I_{\mathrm{NDWI}} = \frac{B_2 - B_4}{B_2 + B_4} \tag{12.1}$$

2）徐涵秋等[43]在 NDWI 的基础上经过大量研究，用短波红外波段（B_5）替代近红外波段（B_4），构建了改进归一化差异水体指数（MNDWI），该指数更为有效地增大了水体与其他地物间的差异，利于水体信息提取。其针对 ETM+影像的计算公式为

$$\mathrm{MNDWI} = \frac{B_2 - B_5}{B_2 + B_5} \tag{12.2}$$

3）闫霈等[44]在水体提取研究中发现水体在近红外和中红外波段同时具有强吸收这一典型特征，据此提出了一种新型的水体指数（NWI）。其针对 ETM+影像的计算公式为

$$\mathrm{NWI} = \frac{B_1 - (B_4 + B_5 + B_7)}{B_1 + (B_4 + B_5 + B_7)} \cdot C \tag{12.3}$$

式中，C 是经验性常数，取值 100 或 200。该水体指数首次引入了 ETM+影像的第 7 波段，且提取效果较好。

（2）典型的多波段谱间关系模型

1）杜云艳等[45]在分析 ETM+影像中水体与其他地物的光谱特性时，发现水体具有 B_2 加 B_3 灰度值大于 B_4 加 B_5 灰度值的特点，据此提出的谱间关系算法模型为

$$(B_2 + B_3) > (B_4 + B_5) \tag{12.4}$$

2）汪金花等[46]在进一步研究的基础上，发现 ETM+影像中水体还具有 B_4 灰度值与 B_2 灰度值的比值小于 0.9 的特性，提出了改进的多波段谱间关系模型：

$$\begin{cases} (B_2 + B_3) - (B_4 + B_5) > 0 \\ B_4 / B_2 < 0.9 \end{cases} \tag{12.5}$$

3）杨树文等[47]在水体指数和谱间关系法研究的基础上，提出了改进的多波段谱间关系法（ISPM），其针对 ETM+影像的计算公式为

$$ISPM = (B_2 + B_3) - (B_4 + B_5) - (B_1 - B_2) \tag{12.6}$$

12.1.2 基于 TM 影像的水体提取实验

根据上述水体提取模型，下面以改进归一化差异水体指数（MNDWI）和改进的多波段谱间关系（ISPM）为例进行实验。

水体提取的实验流程如下：

（1）打开 ENVI 5.4，打开并显示实验影像 20010304_12345.tif（显示 TM543）。

（2）在工具箱中，选择 Band Algebra → Band Math，双击弹出 Band Math 对话框，在 Enter an expression 中输入 MNDWI 数学表达式"(float(b2)-float(b5))/(float(b2)+float(b5))"，如图 12.1 所示。单击 Add to List，表达式出现在 Previous Band Math Expressions 中，单击 OK 按钮。

（3）在弹出的 Variables to Bands Pairings 窗口中，针对 B_2 和 B_5 波段，分别从 Available Bands list 列表中的 20010304_12345 文件中选择对应的波段，并选择文件输出的路径和文件名称，如图 12.2 所示。

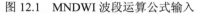

图 12.1　MNDWI 波段运算公式输入　　图 12.2　对应波段选择

（4）单击 OK 按钮，MNDWI 计算的结果如图 12.3 所示，其中白色（高亮度）代表水体。

（5）针对图 12.3 计算的 MNDWI 结果，对水体和其他典型地物的灰度值（亮度值）进行统计分析，例如得到水体的分割阈值大于 0.5，因此，再次在工具箱中选择 Band Algebra → Band Math，双击弹出 Band Math 对话框，在 Enter an expression 中输入"b1 gt 0.5"。单击 Add to List，如图 12.4 所示。

（6）在弹出的 Variables to Bands Pairings 窗口中，针对 B1 波段（新），从 Available Bands list 列表中选择 MNDWI，并选择文件输出的路径和文件名称（MNDWI_05），如图 12.5 所示。

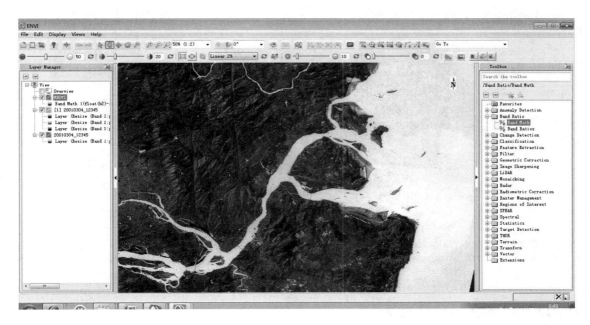

图 12.3　MNDWI 计算结果

图 12.4　水体阈值分割公式

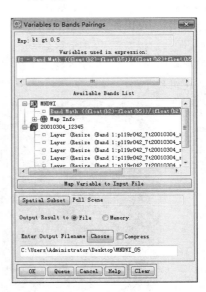

图 12.5　水体分割波段选择

（7）单击 OK 按钮，水体提取的结果如图 12.6 所示。

注意：若打开 MNDWI_05 时 ENVI 5.4 主窗口出现全黑色，此时进行亮度对比度调整即可，如拖动快捷键 ，ENVI 5.4 主窗口中即可出现水体提取后的图像。

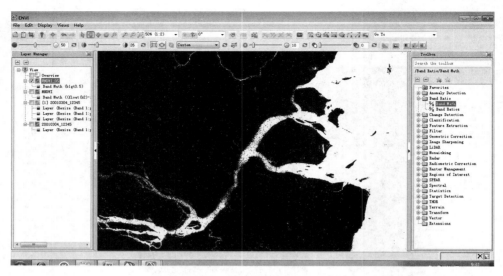

图 12.6　水体提取结果

12.1.3　水体提取后处理

通过对水体提取的分析，可看出水体水面存在较多的孔洞和不连续问题，如图 12.7 所示。为此，需要对水体提取进行后处理。水体的后处理包括数学形态学滤波、去噪、栅格转矢量及细化等操作。本节的操作是对提取结果进行形态学滤波处理，其他操作可根据前面章节的内容自行模拟。

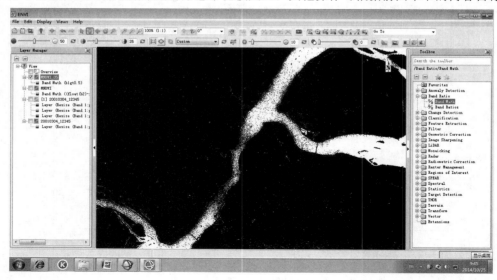

图 12.7　提取的水体存在孔洞和不连续

水体提取后形态学滤波的处理过程如下：

（1）在工具箱中，选择 Filter → Convolutions and Morphology，双击弹出 Convolutions and Morphology Tool 对话框，如图 12.8 所示。

（2）单击 Morphology 按钮，弹出下拉菜单，选择 Closing（闭运算滤波），如图 12.9 所示。弹出闭运算窗口，如图 12.10 所示。

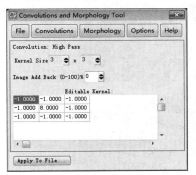

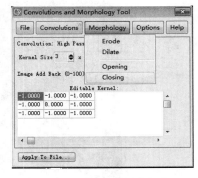

图 12.8　Convolutions and Morphology Tool 窗口　　　　图 12.9　闭运算操作

（3）单击 Apply To File 按钮，弹出 Morphology Input File 窗口，选择参与闭运算的文件（MNDWI_05），如图 12.11 所示。单击 OK 按钮，进行 Morphology 参数选择，见图 12.12。

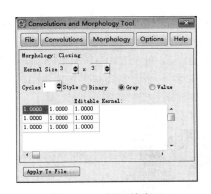

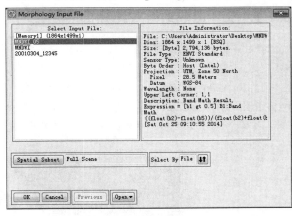

图 12.10　闭运算窗口　　　　　　　　图 12.11　闭运算文件选择

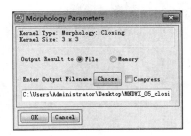

图 12.12　闭运算参数选择

（4）单击 OK 按钮，弹出水体进行数学形态学滤波后的处理结果，如图 12.13 所示。通过分析，可发现水体中的部分孔洞和不连续被填充。

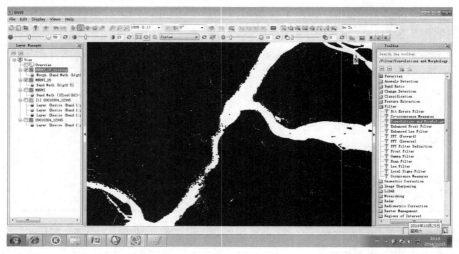

图 12.13　水体形态学滤波处理后的结果

12.1.4　水体提取结果对比分析

为了学习并验证各水体提取方法，可自由选择多个水体提取模型进行实验。本节选用 ISPM 与 MNDWI 提取方法进行比较。依据 MNDWI 水体提取流程和改进的多波段谱间关系（ISPM）水体提取模型，在 Enter an expression 中输入 ISPM 计算公式 "(float(b2)+float(b3))−(float(b4)+float(b5))−(float(b1)−float(b2))"，第二次分割阈值为大于 50，即(b1 gt 50)，最终水体提取的结果如图 12.14 所示。

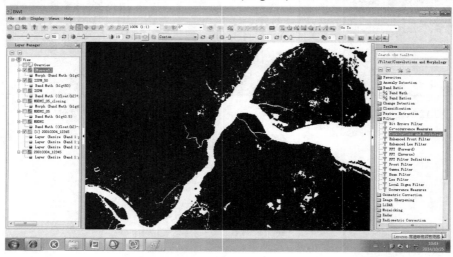

图 12.14　ISPM 水体提取结果

通过对上述两种水体提取方法的实验验证,可发现不同的水体提取模型在提取水体时具有一定的差异性。通过分析表明,ISPM 在提取细小水体方面效果更好,可以较完整地提取细小河流和小水塘等。对比的结果如图 12.15 所示。

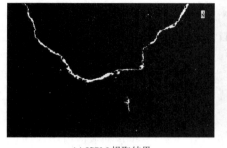 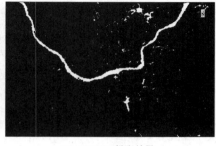

(a) ISPM 提取结果　　　　　　　　　　(b) MNDWI 提取结果

图 12.15　水体提取结果比较

注意:为了验证提取结果,可将提取的水体(栅格)进行栅格转矢量操作,然后进行叠加显示,从而可以直观地比较和分析,亦可以利用 Kappa 系数等验证方法进行精度分析。

12.2　植被提取建模与分析

植被是陆地表面各种植物组成的各种植物群落的总称。由于植物内部所含的色素、水分及其结构等控制着植物特殊的光谱响应,因此,植被信息可以通过遥感有效地获取。由此,植被指数已广泛用来定性和定量地评价植被覆盖及其生长活力[48]。下面以 Landsat ETM+影像为例进行建模实验。

12.2.1　典型的植被提取模型

1. 比值植被指数

比值植被指数(RVI)是由 Jordan[49]提出的最早使用的一种植被指数,它通过两个波段反射率的比值来表示,即

$$RVI = \frac{B_4}{B_3} \tag{12.7}$$

RVI ≫ 1 表示绿色健康植被覆盖地区,RVI > 2 表示植被发育区;RVI ≈ 1 表示无植被覆盖的裸地或植被已枯死地区。

2. 归一化植被指数

针对浓密植被的 RVI 会出现无穷大的情况,Deering (1978)提出了归一化植被指数(NDVI),其表达式为

$$NDVI = \frac{B_4 - B_3}{B_4 + B_3} \tag{12.8}$$

NDVI 的计算结果在区间[–1, 1]内。NDVI < 0 表示地物对可见光高反射（主要为水体、云、雪等）；NDVI≈0 表示地物为裸地（主要为岩石、裸土等）；NDVI > 0 表示有植被覆盖，NDVI 越大，植被覆盖度越高。

3．差值植被指数

差值植被指数（Difference Vegetation Index，DVI）通过两个波段之间的差值来定义，即

$$DVI = B_4 - B_3 \tag{12.9}$$

DVI 对土壤背景的变化非常敏感，适用于监测植被的生态环境，但当覆盖率大于 80%时灵敏度下降，因此对低、中覆盖率或早、中期发育情况下的植被监测更有效。

4．土壤调整植被指数

为消除土壤背景的影响，Huete[50]提出了 SAVI，QI 等[51]在此基础上提出了 MSAVI。MSAVI 能够比较有效地消除土壤背景的干扰，表达式为

$$MSAVI = \frac{(2B_4+1) - \sqrt{(2B_4+1)^2 - 8(B_4-B_3)}}{2} \tag{12.10}$$

12.2.2　基于 TM 影像的植被提取实验

遥感数据大气校正是进行定量遥感的前提，大气校正的质量直接影响到后期的定量分析、信息提取和遥感应用。植被指数如 NDVI 等，虽然在一定程度上能减弱大气的影响，但为了提高植被覆盖度计算的精度和相关分类，需要在预处理时先对影像进行大气校正处理。根据上述植被提取模型，下面以归一化植被指数（NDVI）为例进行实验。大气校正可根据 3.2.2 节进行操作，本节不再细述。首先我们裁剪经过大气校正的影像，得到研究区影像，并生成后面实验所用的"研究区掩膜"文件。

植被（NDVI）提取的实验流程如下：

（1）在 ENVI 5.4 窗口中，打开并显示实验影像"研究区 1999.11.23.hdr"（显示 TM543），如图 12.16 所示。该影像已经过大气校正处理。

图 12.16　打开大气校正后的影像

（2）在工具箱中，选择 Band Algebra → Band Math，双击弹出 Band Math 对话框，在 Enter an expression 中输入 NDVI 数学表达式"(float(b4)-float(b3))/(float(b4)+float(b3))"，单击 Add to List 按钮，表达式出现在 Previous Band Math Expressions 文本框中，如图 12.17 所示。

（3）在弹出的 Variables to Bands Pairings 窗口中，针对 B3 和 B4 波段，分别从 Available Bands list 列表的"研究区 1999.11.23.hdr"文件中选择对应的波段，并选择文件输出的路径和文件名称，如图 12.18 所示。

图 12.17　NDVI 波段运算公式输入　　　　图 12.18　对应波段选择

（4）单击 OK 按钮，NDVI 计算的结果如图 12.19 所示，其中白色（高亮度）代表植被信息，白色亮度越高，代表植被覆盖度越高。

图 12.19　NDVI 计算结果

　　由于影像中难免存在一些异常像元，这些像元的 NDVI 计算结果在(-1, 1)之外，因此在计算完 NDVI 后还需要修正这些异常像元，通常把 NDVI 小于-1 的像元 NDVI 值修正为 0，把 NDVI 大于 1 的像元 NDVI 值修正为 0.8（在实际操作中可以按照影像整体 NDVI 分布规律调节）。在 ENVI 中通过 band math 工具实现，输入"(b1 lt (-1))*0+(b1 ge (-1) and b1 le 1)*b1+(b1 gt 1)*0.8"，选择 NDVI 计算结果进行修正，得到 NDVI 去除异常值文件。

12.2.3　植被覆盖度的估算

1．基于像元二分模型的植被覆盖度计算原理

像元二分模型假设传感器所接收的信息包括植被信息和下垫面信息，假设像元只由植被与非植被覆盖地表，光谱信息也只由这两个组分线性组成，各自所占比例即为各因子的权重。S 代表单个像元，S_v 代表植被所占的比例，S_s 代表裸土所占的比例，f_{vc} 代表植被覆盖度。

基于 NDVI 的像元二分模型可表示为

$$S = S_v + S_s$$
$$S_v = S_{veg} \cdot f_{vc}$$
$$S_s = S_{soil} \cdot (1 - f_{vc})$$
$$S = S_{veg} \cdot f_{vc} + S_{soil} \cdot (1 - f_{vc})$$
$$f_{vc} = (S - S_{soil})/(S_{veg} - S_{soil})$$
$$f_{vc} = (NDVI - NDVI_{soil})/(NDVI_{veg} - NDVI_{soil})$$

在 f_{vc}（植被覆盖度）的计算中有两个参数 $NDVI_{soil}$ 和 $NDVI_{veg}$，这两个值的确定决定植被覆盖度的估算精度，最好有实测数据，没有实测数据的情况下可用统计结果中的最大值代表 $NDVI_{veg}$，最小值代表 $NDVI_{soil}$。由于在实验过程中难免会产生一些异常值，所以统计分析得到的最大值和最小值是一些异常值，通常我们选择累计达到所有像元总数 2% 的像元值为最小值，累计数量达到 98% 的像元值为最大值，分别选择它们作为 $NDVI_{soil}$ 和 $NDVI_{veg}$。由于不同植被类型植被覆盖度达到 100% 时的 NDVI 值也不同，所以统计各类植被的 $NDVI_{soil}$ 和 $NDVI_{veg}$ 值时，必须有研究区域的土地覆盖分类图，在做植被覆盖度计算之前，先对研究区域进行土地覆盖分类和掩膜文件制作，为后面的 f_{vc} 计算做好准备。

在土地覆盖分类的过程中，最好有实地的参考数据；没有参考数据时，也可参照 Google Earth 中的高分辨率影像进行样本区域的选择。

2．植被覆盖度估算实验及分析

第一步：kml 文件制作

（1）打开 ArcGIS，加载"二滩 shap.shp"文件，在工具箱中选择 Conversion Tools → To kml → Layer to kml，在 Layer 中选择"二滩 shap"，在 Output File 中选择输出路径，在 Layer Output Scale 中输入 1000，单击 OK 按钮，如图 12.20 所示。

（2）打开 Google Earth，选择"文件"→"打开"→"kml 二滩"，Google Earth 将自动缩放到我们的研究区域，如图 12.21 和图 12.22 所示。

图 12.20　ArcGIS 中 kml 文件生成

图 12.21 Google Earth 中加载 kml 文件

图 12.22 矢量 shape 图层添加到 Google Earth 中的效果图

第二步：研究区掩膜文件制作

由于研究区的影像中存在背景区域（黑色），而植被指数计算和植被覆盖度分析只需要对中间的区域进行图像运算，因此需要进行掩膜处理。本节实验采用的掩膜文件是用"二滩 shap"生成的。

具体实验步骤如下：

（1）在 ENVI 5.4 中打开"研究区 1999.11.23.hdr"和"二滩 shap.shp"文件，在工具箱搜索栏输入 mask，单击 Build Raster Mask 按钮，在弹出对话框的 Build Mask Input File 中选择"研究区 1999.11.23"，单击 OK，如图 12.23 所示。

图 12.23　打开掩膜文件

（2）在弹出的对话框中单击 Options → Import EVFS，选择"二滩 shap.shp"（见图 12.24），单击 OK 按钮，对话框会自动返回 Select DATA File Associated with EVFS 窗口，选择"研究区 1999.11.23"，然后单击 OK 按钮，在 Mask Definition 中键入输出的路径，单击 OK 按钮，得到掩膜结果，如图 12.25 所示。

图 12.24　掩膜定义　　　　　图 12.25　研究区掩膜文件制作结果

第三步：植被覆盖度的计算

在 ENVI 5.4 中有多种分类方法，本书选择监督分类中的神经网络分类方法对研究区域进行分类。为了进行植被覆盖度估算，基于 Google Earth 影像对研究区的植被进行了人工判读和勾绘，主要包括林地、草地、水体和其他地物四类。因此，在实验中分别建立了林地、草地、水体和其他地物的感兴趣区。

具体操作如下：

（1）打开 ENVI 5.4，加载影像"研究区 1999.11.23.hdr"，单击 ENVI 工具栏中的 按钮，在弹出的对话框（见图 12.26）中单击 按钮，在 ROI Name 中输入"水体"，并在 ROI Color 中选择合适的颜色，参照 Google Earth 影像在研究区影像中选择水体样本。同样新建林地、草地、其他地物类型的图层，并设置颜色，在研究区域中尽量多地勾绘各种样本的感兴趣区，这样我们的分类结果会更加精确。在本实验中，绿色代表林地，黄色代表草地，紫色代表建筑物等其他地物类型，蓝色代表水体，如图 12.27 所示。

图 12.26　感兴趣区的建立　　　　图 12.27　勾绘各种样本感兴趣的结果

（2）感兴趣区构建完成后，在 ENVI 中打开"研究区掩膜"，单击工具箱中的 Classification →
　　　Supervised Classification → Neural Net Classification 工具，在 Classification Input File 对话
　　　框中选择要分类的图像"研究区 19991123"，在 Select Mask band 中选择研究区掩膜文件，
　　　单击 OK 按钮。在弹出的对话框 Neural Net Parameters 中选择所有已构建好的 ROI，在
　　　Output Result 中输入输出的路径，如图 12.28 所示。单击 OK 按钮对研究区域进行分类，
　　　结果如图 12.29 所示。

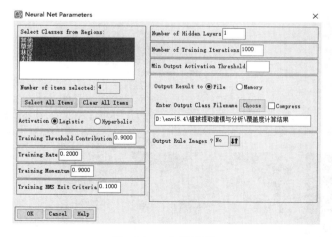

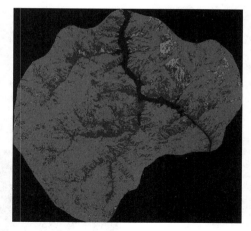

图 12.28　分类界面　　　　　　　　图 12.29　分类结果

（3）在工具箱搜索框中输入 mask，单击 Apply Mask 工具，选择计算好的 NDVI 图，在 Mask
　　　Options 中选择 Build Mask，单击 Options 下拉菜单中的 Import Data Range，在 Select Input
　　　for Mask DATA Range 中选择"分类"文件，单击 OK 按钮（见图 12.30）。

（4）在弹出的 Input for Data Range Mask 对话框中输入最小值和最大值，在这里输入相同的界值，单击 OK 按钮，弹出 Mask Definition 窗口，并进行设置，如图 12.31 所示。分别构建其他覆盖类型的掩膜文件，掩膜计算的结果如图 12.32 所示。

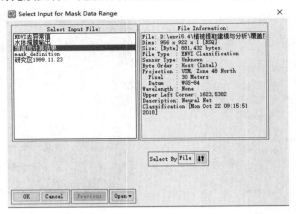

图 12.30　掩膜生成界面

图 12.31　水体掩膜文件制作

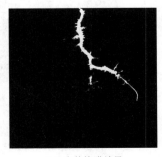

(a) 水体掩膜结果　　　　　　(b) 林地掩膜结果

图 12.32　研究区典型地物掩膜计算结果

(c)　草地掩膜结果　　　　　　　　　(d)　其他地物掩膜结果

图 12.32　研究区典型地物掩膜计算结果（续）

此处分类的界值为：1 代表水体，2 代表林地，3 代表草地，4 代表其他地物类型，例如输入 data min value = 1，data max value = 1 代表水体部分；输入 data min value = 2，data max value = 2 代表林地部分；输入 data min value = 3，data max value = 3 代表草地部分；输入 data min value = 4，data max value = 4 代表其他用地部分。因为不同覆盖地物 f_{vc} 达到 100%时的 NDVI 也不相同，例如林地植被覆盖度达到 100%时的 NDVI 值一般在 0.8 左右，而草地区域植被覆盖度达到 100%时的 NDVI 值一般在 0.6 左右，所以在分析区域植被覆盖度时，我们要分别对不同覆盖类型进行植被覆盖度的计算，掩膜文件就是为我们分类计算做准备的，通过掩膜文件可以得到不同地物类型的 $NDVI_{soil}$ 和 $NDVI_{veg}$ 值，本例中各地物类型掩膜文件的结果如下面的图形所示。

（5）植被覆盖度统计分析，以林地为例计算。单击工具箱中的 Statistics → Compute Statistics 工具，在 Select Input File 中选择 NDVI 去除异常值图像，在 Select Mask Band 中选择林地掩膜文件，以林地掩膜为例，如图 12.33 所示。单击 OK 按钮，弹出 Compute Statistics Parameters 对话框，进行直方图勾选（选中 Histograms），如图 12.34 所示。单击 OK 按钮，得到林地统计计算结果，如图 12.35 所示，图中 Acc Pct 代表像元累积百分比，可以得到林地像元累积 2%的像元 NDVI 值为 0，林地像元累积 98%的对应像元 NDVI 值为 0.863381，把 0 作为林地的 $NDVI_{soil}$ 值，把 0.863381 作为林地的 $NDVI_{veg}$ 值，记录下这

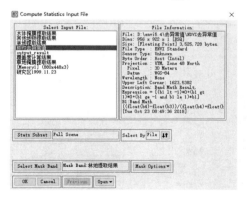 

图 12.33　统计界面　　　　　　　　　图 12.34　统计直方图勾选

组数据并同样得到草地、水体和其他地物的 $NDVI_{soil}$ 与 $NDVI_{veg}$ 值，统计计算结果分别如图 12.36、图 12.37 和图 12.38 所示。

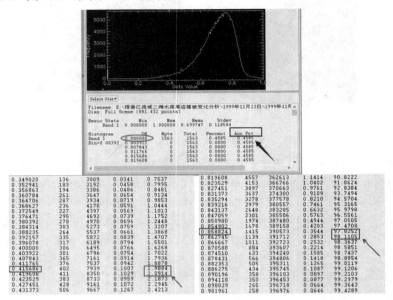

图 12.35　林地统计计算结果

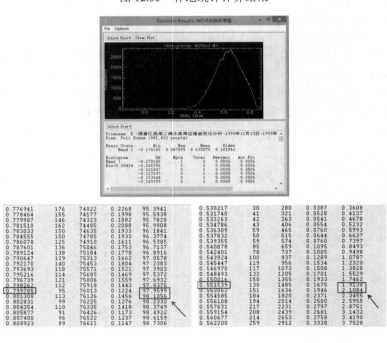

图 12.36　草地统计计算结果

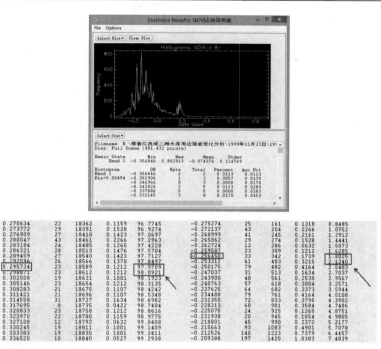

图 12.37　水体统计计算结果

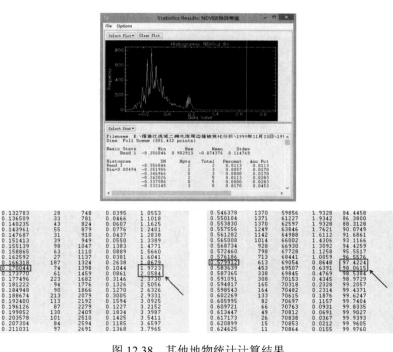

图 12.38　其他地物统计计算结果

（6）覆盖度计算。通过 Band Math 可以进行林地、草地、水体和其他地物单一植被覆盖度的计算，亦可进行整体计算。实验采用将 NDVI$_{soil}$ 文件和 NDVI$_{veg}$ 文件进行整体计算，具体步骤如下：

1）在工具箱中，选择 Band Algebra → Band Math，双击弹出 Band Math 对话框，在 Enter an expression 中分两次输入 NDVI$_{soil}$ 和 NDVI$_{veg}$ 的表达式：

b1*林地 NDVIsoil(2%) + b2*草地 NDVIsoil (2%) + b3*其他 NDVIsoil (2%) + b4*0

b1*林地 NDVIveg (98%) + b2*草地 NDVIveg (98%) + b3*其他 NDVIveg (98%) + b4*0

2）单击 Add to List，表达式出现在 Previous Band Math Expressions 中，在弹出的 Variables to Bands Pairings 窗口中，针对 B1、B2、B3 和 B4 波段分别选择林地、草地、其他和水体掩膜文件。计算的结果如图 12.39 所示。

 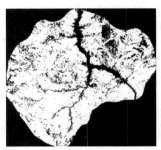

(a) NDVI$_{soil}$ 计算结果   (b) NDVI$_{veg}$ 计算结果

图 12.39   NDVI$_{soil}$ 和 NDVI$_{veg}$ 结果

注意： 由于水面植物稀少，故可定义植被覆盖度 f_{vc} 的值为 0。

（7）整体植被覆盖度计算。同上，在 Band Math 中输入整体植被覆盖度（f_{vc}）计算表达式"(B2 ne 0.0)*(B1-B2)/(B3-B2)"，式中 B1 表示 NDVI，B2 表示 NDVI$_{soil}$，B3 表示 NDVI$_{veg}$。处理过程如图 12.40 和图 12.41 所示。f_{vc} 计算结果图 12.42 所示。

图 12.40 f_{vc} 计算   图 12.41 f_{vc} 计算公式中各参数设置

图 12.42   植被覆盖度计算结果

第四步：计算结果分析

（1）通过对实验结果进行分析，发现有一部分像元的植被覆盖度在(0, 1)之外，原因是灰度值分布在 0～2% 和 98%～100% 的像元引起的异常值需要去除。处理的算法是：将大于 1 的归为 1，小于 0 的归为 0。同上，在 Band Math 中输入 f_{vc} 处理异常值计算公式 "0.0 > b1 < 1.0"，进行异常值处理的结果如图 12.43 所示。

图 12.43 f_{vc} 去除异常值

（2）植被覆盖度计算结果分析。异常值处理后植被覆盖度的 DN 值在范围(0, 1)内，就可按照一定的标准或规则对计算得到的 f_{vc} 结果进行分析。可把(0, 1)分成几段，如 0～0.3 为建筑物，0.3～0.5 为低植被覆盖，0.5～0.75 为中覆盖，0.75～1 为高覆盖等。这个界值的选择方法很多，读者自己也可根据具体情况来定义，只要方法合理即可。

具体实验步骤如下：

1）在 ENVI 5.4 中，选择 Classification → Post Classification → Raster Color Slices 进行阶段划分和颜色搭配。双击 Raster Color Slices 工具条，在弹出的对话框中，选择我们要去除异常值的 f_{vc}（植被覆盖度）计算结果（见图 12.44），单击 OK 按钮。

图 12.44　分类图层选择

2）在弹出的对话框中单击 ✖ 按钮，删除默认的分类界值和配色，单击添加按钮 ➕，根据需要进行分类（本实验分了四类，见图 12.45），分好界值后可以右击颜色来设置颜色，设置好后单击 OK 按钮，可得到分类结果，如图 12.46 所示。

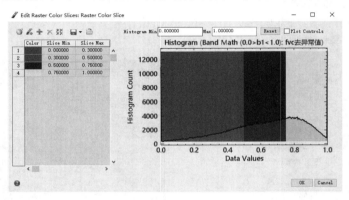

图 12.45　分类界面

图 12.46　f_{vc} 分类结果

3）分类结果统计分析。查看各组分所占比例。单击 Compute Statistics，选择"fvc 分类.hdr"
文件（见图 12.47），在 Select Mask band 中选择研究区掩膜文件，单击 OK 按钮。分类
结果如图 12.48 所示。

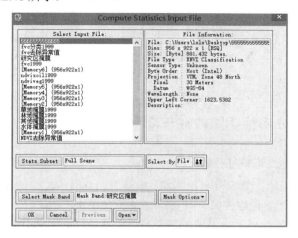

图 12.47　统计分析分类结果

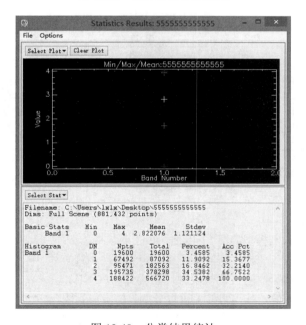

图 12.48　分类结果统计

注意：图 12.48 中，0 代表水体所占比例，1 代表建筑所占比例，2 代表低覆盖所占比例，3 代表中覆盖所占比例，4 代表高覆盖所占比例。在具体问题中，分类不同，分析方法也不同，所以可以根据具体的需要进行土地覆盖分类，也可以根据实际情况来定义结果分析的界值参数。

12.3 高分辨率影像阴影提取建模与分析

高分辨率遥感影像中存在着大量的因阳光被建筑物、高大树木等地物遮挡而产生的阴影。阴影一方面会导致阴影区域包含的地物信息部分丢失，给目标识别、分类带来困难；另一方面，阴影也包含了地物的层次和高度等信息。阴影检测是阴影去除和利用的前提，因此，如何有效、高精度地检测阴影具有重要意义[52]。

阴影检测方法因影像类型不同而存在明显差异，本实验主要以 QuickBird 影像为例进行说明。

12.3.1 QuickBird 影像阴影特征及检测模型

1．阴影及典型地物的光谱特征分析

QuickBird 高分辨率遥感影像设有全色影像（分辨率为 0.61～0.72m）和多光谱影像（分辨率为 2.44～2.88m），其中多光谱影像数据具有红、绿、蓝和近红外 4 个波段。

基于 ENVI 5.4 通过 Vector Layer 建立感兴趣区，并用 Compute Statistics 对 QuickBird 多光谱影像中阴影、建筑物、道路和水体等信息的光谱值进行了统计计算，结果如表 12.2 所示。

表 12.2 阴影及相关典型地物光谱值统计

采样像素数	阴 影		建 筑 物		道 路		水 体	
	441		581		278		138	
统计项	均值	方差	均值	方差	均值	方差	均值	方差
近红外波段（NIR）	171.29	121.84	383.82	111.30	278.33	47.27	171.29	21.80
红光波段（RED）	147.01	34.95	369.27	105.46	262.51	42.82	147.42	5.19
绿光波段（GREEN）	266.59	39.47	511.81	119.80	397.27	47.35	303.08	5.62
蓝光波段（BULE）	214.96	18.59	340.28	62.34	284.99	24.08	213.26	3.42

注意：实验中的每个值要重新进行统计，并对结果进行分析、研究。

2．典型的阴影检测模型

（1）主成分分析法

主成分分析法的阴影检测模型如图 12.49 所示。主要包括 3 步：

① 对原始影像做主成分变换，获取第一主成分影像（PC1）。

② 第一主成分与原始影像的蓝色波段做比值运算（PC1/B）。

③ 选取合适的阴影阈值，对②的结果进行分割，初步得到阴影区域，并在此基础上进行数学形态学滤波，以获得较为合理的阴影区域。

（2）YIQ 色彩变换

首先利用 YIQ 色彩变换方法将原始影像转换到 YIQ 色彩空间，并对 Y、Q 分量做归一化处理，然后对 Y、Q 分量做(Q + 1)/(Y + 1)

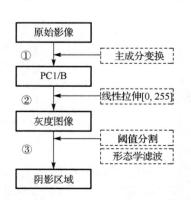

图 12.49 主成分法阴影检测模型

比值运算, 最后选取合适的阈值分割阴影区和非阴影区, 并进行形态学处理, 得到较完整的阴影区。基于 YIQ 的阴影检测模型如图 12.50 所示。

（3）基于多波段阴影检测

将绿光波段与蓝光波段差（比）值法提取的阴影, 与近红外波段基于直方图阈值法提取的阴影相结合, 得到完整的阴影区域。基于多波段的阴影检测模型如图 12.51 所示。

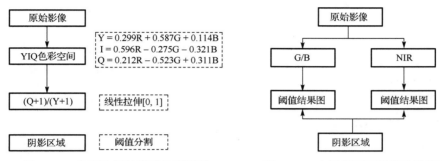

图 12.50　色彩空间法阴影检测模型　　　　图 12.51　多波段运算阴影检测模型

12.3.2　基于 QuickBird 的阴影检测实验

根据上述阴影检测模型, 下面以主成分法阴影检测模型为例进行实验。

阴影检测的实验流程如下:

（1）在 ENVI 5.4 中, 打开并显示实验影像 QB.tif（显示为 QuickBird 的 1、2、3 波段）。

（2）在工具箱中, 选择 Transform → PCA Rotation → Forward PCA Rotation New, 双击弹出 Principal Components Input File 对话框, 选择 QB.tif 作为输入的数据文件, 如图 12.52 所示, 单击 OK 按钮。

（3）在 Forward PC Parameters 对话框中, 选择输出路径（其余参数为默认）, 如图 12.53 所示。

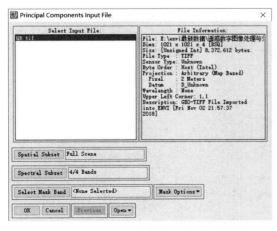 

图 12.52　主成分变换输入文件对话框　　　　图 12.53　主成分变换参数设置对话框

（4）在工具箱中，选择 Band Algebra → Band Math，双击弹出 Band Math 对话框，在 Enter an expression 中输入主成分阴影检测的数学表达式"float(b1)/float(b2)"，如图 12.54 所示。单击 Add to List，表达式出现在 Previous Band Math Expressions 中。

（5）在弹出的 Variables to Bands Pairings 窗口中，B1 波段对应的是主成分第一分量（PC band 1），B2 对应的是 QB.tif 文件的蓝光波段（即第一波段），并选择文件输出的路径和文件名称，如图 12.55 所示。

图 12.54　输入主成分分析法运算公式　　图 12.55　选择对应波段

（6）单击 OK 按钮，主成分法检测阴影的结果如图 12.56 所示，其中黑色（低亮度）代表阴影。

（7）针对主成分方法计算结果，对阴影和其他典型地物的灰度值（亮度值）进行统计分析，例如得到阴影的分割阈值小于-1.2，因此再次在工具箱中选择 Band Ratio → Band Math，双击弹出 Band Math 对话框，在 Enter an Expression 中输入"b1 lt-1.2"。单击 Add to List 按钮，如图 12.57 所示。

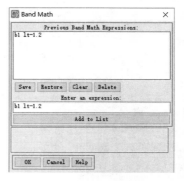

图 12.56　PC1/B 计算结果　　图 12.57　阴影阈值分割公式

（8）在弹出的 Variables to Bands Pairings 窗口中，针对 B1 波段（新），从 Available Bands list 列表中选择 PC1-B，并选择文件输出的路径和文件名称（QB-Shadow），如图 12.58 所示。

（9）单击 OK 按钮，水体提取的结果如图 12.59 所示。

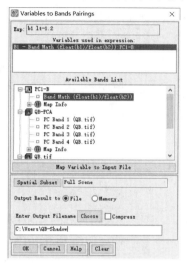

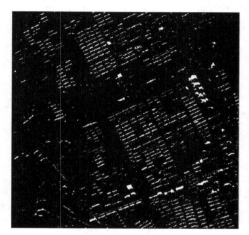

图 12.58　阴影分割波段选择　　　　　　　　　　图 12.59　阴影检测结果

注意： 若打开 QB-Shadow 时 ENVI 5.4 主窗口出现全黑色，此时对图像进行 2%线性拉伸。

12.3.3　阴影提取后处理

通过对阴影提取的分析，可发现阴影结果中存在不连续和孤立的阴影区域，如图 12.60 所示。为此，需要对阴影提取进行后处理。阴影的后处理包括数学形态学滤波、去噪、栅格转矢量及细化等操作。本节操作对提取结果进行形态学滤波处理，其他操作可根据前面章节的内容自行模拟。

阴影提取后形态学滤波的处理过程如下：

（1）在工具箱中，选择 Filter → Convolutions and Morphology，双击弹出 Convolutions and Morphology Tools 对话框，如图 12.61 所示。

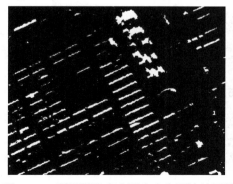

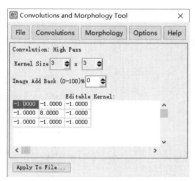

图 12.60　阴影提取存在孤立点和不连续区域　　　图 12.61　数学形态学滤波窗口

（2）单击 Morphology，弹出下拉菜单，选择 Closing（闭运算滤波），如图 12.62 所示。弹出闭
运算窗口，如图 12.63 所示。

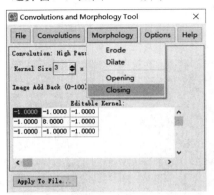

图 12.62　闭运算操作

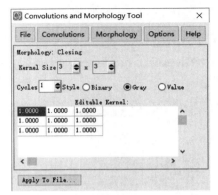

图 12.63　闭运算窗口

（3）单击 Apply To File，弹出 Morphology Input File 窗口，选择参与闭运算的文件 QB-Shadow，
如图 12.64 所示。单击 OK 按钮，进行 Morphology 参数设计，如图 12.65 所示。

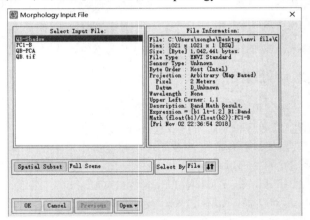

图 12.64　选择闭运算文件

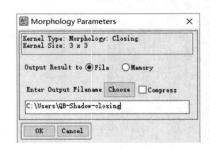

图 12.65　选择闭运算参数

（4）单击 OK 按钮，弹出水体进行数学形态学滤波后的处理结果，如图 12.66 所示。通过分析，可发现水体中部分孔洞和不连续被填充。

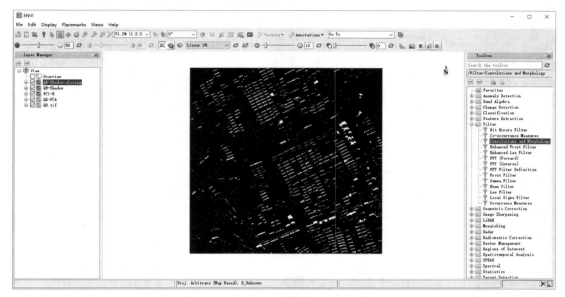

图 12.66　阴影形态学滤波处理后的结果

12.4　气溶胶反演

大气气溶胶是指悬浮在大气中的各种液态和固态颗粒物，其尺度可从 0.001μm 到 102μm，甚至更大[53,54]。大气气溶胶对太阳和长波辐射有散射、吸收或发射作用，其中一部分可成为生成云滴的凝结核，因此它通过直接和间接作用影响到地球大气系统的辐射平衡过程。在大气化学过程中，气溶胶也起着重要的作用[55]。气溶胶的光化学厚度对于大气污染、人们的健康、局地气候效应有一定参考价值[56,57]。

12.4.1　反射率与发射率文件处理

在 ENVI 5.4 中选择 File → Open As → EOS → MODIS，打开 MODIS 影像的 HDF 文件，选择 MODIS 数据 MOD021KM.A2016036.0405.005.2016036134251，打开后在数据列表中可以看到三个文件，如图 12.67 所示。

1．发射率文件几何校正

（1）ENVI 中提供专门对 MODIS 数据进行几何校正的工具，在工具箱中选择 Geometric Correction → Georeference by Sensor → Georeference MODIS，选择发射率文件（Emissive），如图 12.68 所示。

图 12.67　MODIS 数据

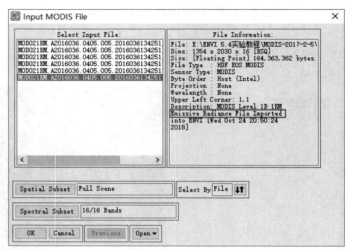

图 12.68　输入 MODIS 数据窗口

（2）单击 OK，在 Georeference MODIS Parameters 对话框中选择投影信息，如图 12.69 所示，其中要注意保存 GCP 控制点及对 MODIS 影像进行蝴蝶效应校正，然后单击 OK 按钮。

（3）在 Registration Parameters 窗口中设置参数，如图 12.70 所示，注意分辨率是 1000（默认），设置保存路径和名称，单击 OK 按钮。

图 12.69　选择投影信息

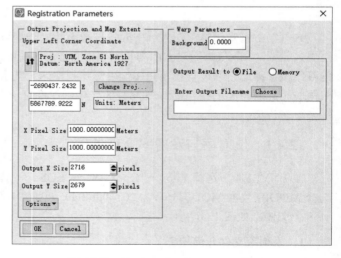

图 12.70　Registration Parameters 窗口

（4）得到发射率几何校正结果，如图 12.71 所示。

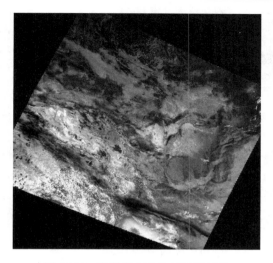

图 12.71　发射率文件几何校正结果

2．反射率文件几何校正

过程与发射率文件几何校正相似，不过多介绍。参考发射率文件几何校正过程，对反射率文件（Reflectance）进行几何校正，如图 12.72 所示。这一步不需要再次保存 GCP 控制点文件。

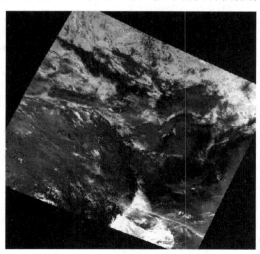

图 12.72　反射率文件几何校正结果

3．反射率和发射率数据合成与裁剪

（1）打开几何校正后的反射率与发射率数据集和"西安市.shp"，在工具箱中选择 Raster Management → Layer Stacking，打开 Layer Stacking Parameters 对话框，单击 Import File 按钮，选择几何校正后的反射率和发射率文件，如图 12.73 所示。

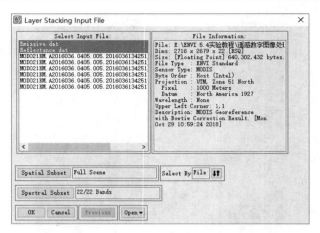

图 12.73　Layer Stacking Parameters 对话框

（2）单击 Spatial Subset 按钮进行裁剪，在弹出的窗口中选择 ROI/EVF，然后选择"EVD:西安市.shp"进行裁剪，如图 12.74 所示。

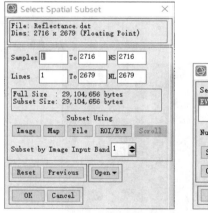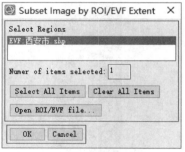

图 12.74　选择 EVF 数据进行裁剪

（3）单击 OK 按钮回到最初的 Layer Stacking Parameters 对话框，单击 Reorder File 按钮，拖动文件，调整文件顺序为反射率在上、发射率在下，如图 12.75 所示，单击 OK 按钮回到 Layer Stacking Parameters 对话框。

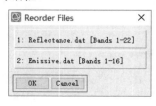

图 12.75　调整文件顺序

（4）选择结果文件的输出位置后，单击 OK 按钮，得到合成结果，如图 12.76 所示。

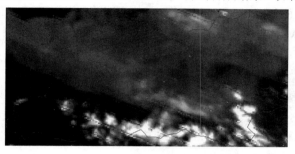

图 12.76　反射率发射率文件合成与裁剪结果

12.4.2　角度数据处理

1. 角度数据合成

（1）打开角度数据集，选择 File → Open As → Scientific Formats → HDF4，选择 MOD03(.hdf)
数据文件，在列表中选择 MODIS_Swath_Type_GEO → Data Fields，单击 ➕ 按钮添加 4
个栅格图层，选中图层和数据，单击 🖼 按钮将 4 个角数据集即卫星天顶角（SensorZenith）、
卫星方位角（SensorAzimuth）、太阳天顶角（SolarZenith）和太阳方位角（SolarAzimuth）
分别加入 4 个栅格图层，如图 12.77 所示。单击 Open Rasters 按钮显示在 ENVI 视图中。

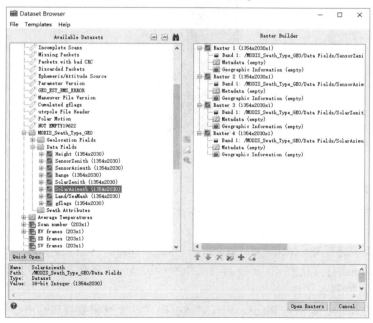

图 12.77　选择 4 个角数据集

（2）选择 Raster Management → New File Builder，单击 Import File 按钮，选择打开的 4 个角度数据，单击 Reorder Files 按钮，拖动文件调整其顺序为卫星天顶角（SensorZ）、卫星方位角（SensorA）、太阳天顶角（SolarZ）、太阳方位角（SolarA），如图 12.78 所示。

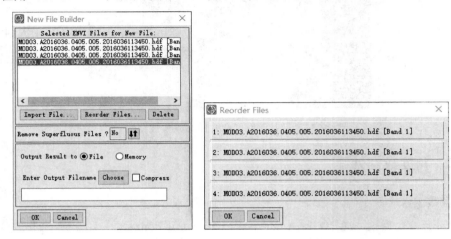

图 12.78　New File Builder 对话框

（3）选择结果文件的输出位置后，单击 OK 按钮，得到的角度数据合成结果如图 12.79 所示。

图 12.79　角度数据合成结果

2. 角度数据集的几何校正

查看元数据信息，角度数据的行列数是 1354×2030，与发射率的相同，因此不需要进行重采样，但需要几何校正。

（1）在工具箱中选择 Geometric Correction → Registration → Warp from GCPs: Image to Map Registration，打开选择 GCP 控制点文件的对话框，选择在发射率文件几何校正过程中保存的 GCP 控制点文件。

（2）在弹出的 Image to Map Registration 对话框中，设置投影参数和输出分辨率（要与反射率相同，这里为 1000），如图 12.80 所示，单击 OK 按钮。

图 12.80　Image to Map Registration 对话框

（3）在弹出的 Input Warp Image 对话框中选择合成后的角度数据，单击 OK 按钮进入 Registration Parameters 对话框，在对话框中设置参数，选择几何校正与重采样方法，与发射率校正结果匹配，如图 12.81 所示。单击 OK 按钮，得到的角度数据集几何校正后的结果如图 12.82 所示。

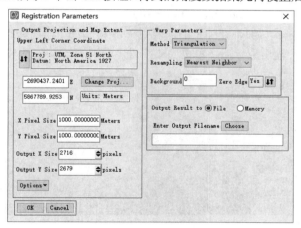

图 12.81　Registration Parameters 对话框

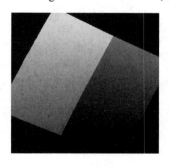

图 12.82　角度数据集几何校正结果

3．角度数据波段运算与裁剪

（1）查看角度数据中的值，发现其扩大了 100 倍，因此要将角度数据乘以 0.01。在工具箱中选择
Band Algebra → Band Math，输入公式"float(b1)*0.01"，如图 12.83 所示，单击 OK 按钮。

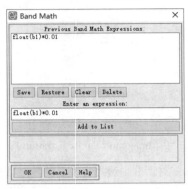

图 12.83　Band Math 对话框

（2）在参数面板中单击 Map Variable to Input File，选择角度数据几何校正结果，单击 OK 按钮。

（3）单击 Spatial Subset 按钮，在弹出的面板中单击 ROI/EVF，选择"西安市.shp"进行裁剪。

（4）选择结果文件的输出位置后，单击 OK 按钮，得到的结果如图 12.84 所示

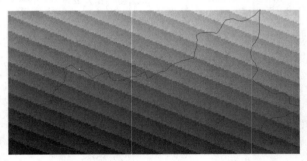

图 12.84　角度数据波段运算与裁剪结果

12.4.3　气溶胶反演

1．云检测

云检测工具是扩展工具，该工具可以实现对反射率和发射率的合成文件进行去云处理，将扩展
工具中的 modis_cloud.sav 文件放在 ENVI 5.4 安装目录下的 extensions 文件夹中，重启 ENVI 即可
在工具箱中看到 modis_cloud 工具。

在工具箱中选择 Extensions → modis_cloud，使用 modis_cloud 工具，选择反射率与发射率合
成裁剪后的结果，并选择结果输出位置，得到的去云处理结果如图 12.85 所示。

图 12.85　去云处理结果

2．气溶胶反演

本实验利用的气溶胶反演工具（modis_aerosol_inversion）也是扩展工具，将扩展工具文件夹中的 modis_aerosol_inversion.sav 放在 ENVI 5.4 安装目录下的 extensions 文件夹中，重启 ENVI 即可在工具箱中看到 modis_aerosol_inversion 工具。

（1）在工具箱中选择 Extensions → modis_aerosol_inversion，先选择云检测结果，单击 OK 按钮。

（2）选择角度数据波段运算与裁剪之后的数据，单击 OK 按钮。

（3）选择查找表文件，选择数据中的 lut.txt，这里使用的查找表是通用的文本文件，适合 3～6 月的 MODIS 数据影像，也可以自己制作查找表。

（4）选择结果输出路径和文件名，得到结果如图 12.86 所示。

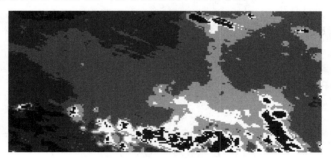

图 12.86　气溶胶反演结果

12.4.4　反演结果处理

（1）在 Layer Manager 中，右键单击反演结果图层，选择 New Raster Color Slices，在弹出的窗口中选择反演结果波段，单击 OK 按钮。

（2）在 Edit Raster Color Slices 窗口中单击 ✎New Default Color Slices 按钮编辑分割参数，将分为 7 个等级，如图 12.87 所示。

（3）最后裁剪出西安市范围，最终结果如图 12.88 所示。

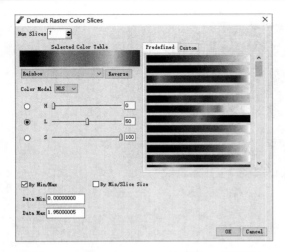

图 12.87　Default Raster Color Slices 对话框

图 12.88　气溶胶反演结果

12.5　地表温度反演

地表温度作为地表和大气之间物质与能量交换综合作用的结果，是研究全球和区域尺度陆地表层系统过程的关键参数，同时也是描述温室效应及全球变暖等现象的指示性指标[58,59]。

准确获取多尺度地表温度信息是地球表层水热平衡、陆地生态系统物质、能量交换、全球气候变化及城市热岛效应等研究中的关键[60~62]。

12.5.1　城市热岛效应的反演计算

城市热岛效应主要是指城市因大量人工发热，建筑物和道路等高蓄热体及绿地减少等因素，造成城市高温化，城市中的气温明显高于外围郊区的现象。

1. 数据转换

把像元的 DN 值转换为辐射亮度值，公式为

$$L_\lambda = a \times 10^{-4} \mathrm{DN} + b \tag{12.11}$$

式中，a 表示增益系数，b 表示偏移值，a 和 b 均可从 Landsat 8 的元数据中找到，$a = 3.342 \times 10^{-4}$，$b = 0.1$。

2. 植被覆盖度计算

采用混合像元分解法，据以下公式计算植被覆盖度：

$$P = 0.04[(\mathrm{NDVI} - \mathrm{NDVI_S}) / (\mathrm{NDVI_V} + \mathrm{NDVI_S})] + 0.968 \tag{12.12}$$

式中：NDVI 为归一化植被指数，$\mathrm{NDVI_S}$ 和 $\mathrm{NDVI_V}$ 为裸地和植被的 NDVI 值，一般 $\mathrm{NDVI_S}$ 取 0.05，$\mathrm{NDVI_V}$ 取 0.7。$\mathrm{NDVI} > \mathrm{NDVI_V}$ 时，可视为完全植被覆盖，$P = 1$；$\mathrm{NDVI} < \mathrm{NDVI_V}$ 时，可视为完全植被覆盖，$P = 0$。

3．辐射传输方程法

辐射传输方程法又称大气校正法，普遍适用于各种热红外波段。热红外辐射亮度值由 3 部分组成：地面辐射经过大气层到达传感器的辐射能量、大气的下行辐射亮度值 L_d 和大气的上行辐射亮度 L_u，公式为

$$L_\lambda = [\sigma L_T + (1-\sigma) L_d]\tau + L_u \tag{12.13}$$

式中：L_λ 是第 10 波段像元的辐射亮度值；σ 为比辐射率；L_T 表示同温黑体下的地表温度；L_u 和 L_d 分别为大气上行辐射亮度值和大气下行辐射亮度值；τ 为大气在热红外波段的透过率。根据公式（12.11）可推出

$$L_T = [L_\lambda - Lu - \tau(1-\sigma)L_d]\sigma\tau \tag{12.14}$$

式中，L_T 为同温度下黑体在热红外波段的辐射亮度值。

4．地表亮度温度反演

对于 TM 影像，将热红外辐射强度转换为像元亮度的公式为

$$T_B = \frac{K_2}{\ln\left[\dfrac{K_1}{L_T}+1\right]} \tag{12.15}$$

式中，L_T 表示同温度下黑体在热红外波段的辐射亮度值；T_B 表示地表亮度温度值，单位为 K；K_1、K_2 为亮度反演常数，对于 TM 数据，$K_1 = 480.89\,\mathrm{mWcm^2sr^{-1}\mu m^2}$，$K_2 = 1321.08\mathrm{K}$。

12.5.2 基于大气校正的地表温度反演计算流程

基于 TM 影像的地表温度反演计算通常情况下采用大气校正法（又称辐射传输法），实验流程如图 12.89 所示。

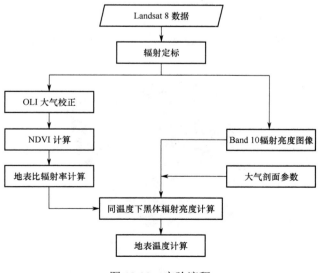

图 12.89 实验流程

在 ENVI 5.4 中，加载 1-Landsat 8 文件夹下的"LC81230322013276LGN00_MTL"文件，影像如图 12.90 所示。

图 12.90　打开 MTL 文件

1. 辐射定标

地表温度反演的辐射定标主要包括两部分：一是热红外数据，二是多光谱数据。

（1）热红外数据辐射定标

在工具箱中，选择 Radiometric Correction → Radiometric Calibration。在 File Selection 对话框中，选择数据"LC81230322013276LGN00_MTL_Thermal"，单击 Spectral Subset 按钮，选择"Thermal Infrared1 (10.9)"，单击 OK 按钮进入 Radiometric Calibration 对话框，设置如下所示参数：

- 定标类型（Calibration Type）：辐射亮度值（Radiance）
- 输出方式（Output Interleave）：BIL
- 长度比（Scale Factor）：1.0

选择输出路径，单击 OK 按钮，完成热红外数据定标处理，结果如图 12.91 所示。

图 12.91　热红外数据辐射定标结果

（2）多光谱数据辐射定标

选择 Radiometric Correction → Radiometric Calibration。在 File Selection 对话框中，选择数据 "LC81230322013276LGN00_MTL_MultiSpectral"，单击 OK 按钮进入 Radiometric Calibration 对话框，直接单击 Apply FLAASH Settings 按钮即可设置如下所示参数：

- 定标类型（Calibration Type）：辐射亮度值（Radiance）
- 输出方式（Output Interleave）：BIL
- 长度比（Scale Factor）：0.1

选择输出路径，单击 OK 按钮，完成多光谱数据定标处理，结果如图 12.92 所示。

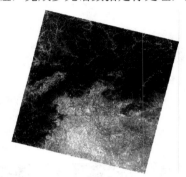

图 12.92　多光谱数据辐射定标结果

2．大气校正

（1）在工具箱中，单击 Radiometric Correction → Atmospheric Correction Module → FLAASH Atmospheric Correction 工具。在 FLAASH Atmospheric Correction Model Input Parameters 对话框中，单击 Input Radiance Image 选择多光谱数据辐射定标的结果，在弹出的 Radiance Scale Factors 对话框中，选择 Use single scale factor for all bands，并将 Single scale factor 设为 1。

（2）单击 OK 按钮，回到 FLAASH 对话框，打开 MTL.txt 文件，查看成像时间等参数，设置 FLAASH 参数，如图 12.93 所示。

（3）设置参数完成之后，单击底部的 Multispectral Settings 按钮，在 Multispectral Settings 对话框中选择 Kaufman-Tanre Aerosol Retrieval → Defaults → Over-Land-Retrieval Standard (660: 2100nm)。单击 OK 按钮，回到 FLAASH 对话框。选择 Advanced Settings，设置文件大小为 100，单击 OK 按钮回到 FLAASH 对话框。

（4）单击 Apply 按钮，进行大气校正，大气校正结果如图 12.94 所示。

3．地表比辐射率计算

（1）NDVI 计算

在工具栏中单击 Band Algebra → Band Math，在对话框中输入公式"(b1-b2)/(b1+b2)"，b1 赋值为 Near IR 波段（band 5），b2 赋值为 Red 波段（band 4），单击 OK 按钮，选择输出路径，计算得到 NDVI。

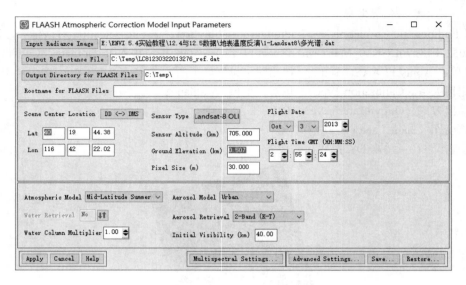

图 12.93　FLAASH 参数设置

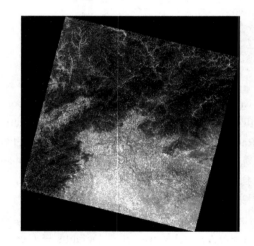

图 12.94　大气校正结果

（2）植被覆盖密度图计算

在工具栏中单击 Band Algebra → Band Math，在对话框中输入如下公式：

$$(b1\ gt\ 0.7)*1+(b1\ lt\ 0.05)*0+(b1\ ge\ 0.05\ and\ b1\ le\ 0.7)*((b1-0.05)/(0.7-0.05))$$

b1 赋值为 NDVI，计算得到植被覆盖密度图，如图 12.95 所示。

（3）地表比辐射率计算

在工具栏中单击 Band Algebra → Band Math，在对话框中输入公式 "0.004*b1+0.986"，b1 赋值为植被覆盖密度图像，计算得到地表比辐射率图，如图 12.96 所示。

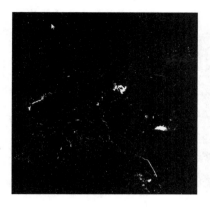 

图 12.95　植被覆盖密度图　　　　　　　　　图 12.96　地表比辐射率图

4．黑体辐射亮度与地表温度计算

（1）同温度下黑体辐射亮度计算。在工具栏中单击 Band Algebra → Band Math，在对话框中输入公式 "(b2-0.75-0.9*(1-b1)*1.29)/(0.9*b1)"，b1 为地表比辐射率图像，b2 为 band 10 辐射亮度图像，计算得到同温度下黑体辐射亮度图像，如图 12.97 所示。

图 12.97　同温度下黑体辐射亮度图像

（2）地表温度图像计算。在工具栏中单击 Band Algebra → Band Math，在对话框中输入公式 "(1321.08)/alog(774.89/b1+1)-273"，其中 b1 赋值为同温度下黑体辐射亮度图像，计算得到地表温度图像（单位为℃）。

（3）在 Layer Manager 中的地表温度图层上右键单击，在出现的菜单中选择 Raster Color Slice，在 File Selection 对话框中选择地表温度图像，单击 OK 按钮，在编辑对话框中单击 New Default Color Slices，将级数（NUM Slices）设为 4（可根据效果自行设置），并设置颜色（Colors），单击 OK 按钮，即可得到地表温度图的分级展示效果，如图 12.98 所示。

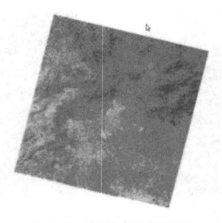

图 12.98　地表温度图分级展示

（4）右键选择地表温度分级图 Color Slices Statistics，统计出各级的像元数，做定量分析。图 12.99 所示为 1.8℃～8℃的像元统计信息。

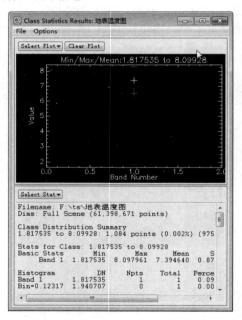

图 12.99　1.8℃～8℃的像元统计信息

参 考 文 献

[1] 梅安新，彭望琭等. 遥感导论[M]. 北京：高等教育出版社，2001.

[2] 汤国安，张友顺，刘咏梅等. 遥感数字图像处理[M]，北京：科学出版社，2004.

[3] 高隽，谢昭. 图像理解理论与方法[M]. 北京：科学出版社，2009.

[4] 谢昭. 图像理解的关键问题和方法研究[D]. 合肥工业大学博士学位论文，2007.

[5] 王润生. 图像理解[M]. 长沙：国防科技大学出版社，1995.

[6] 章毓晋. 图像工程[M]. 北京：清华大学出版社，2006.

[7] 孙显，付琨，王宏琦. 高分辨率遥感图像理解[M]. 北京：清华大学出版社，2011.

[8] 邓书斌，陈秋锦，杜会建，徐恩惠. ENVI 遥感图像处理方法（第 2 版）[M]. 北京：高等教育出版社，2014.

[9] http://blog.sina.com.cn/s/blog_764b1e9d0101bol6.html.

[10] http://blog.sina.com.cn/s/blog_764b1e9d0102y67f.html.

[11] 刘蓉蓉，林子瑜. 遥感图像的预处理[J]. 吉林师范大学学报（自然科学版），2007, 28(4): 6-10.

[12] 甘淑，党承林，欧晓昆. 云南山区 NPP 遥感监测研究中遥感图像预处理[J]. 云南大学学报（自然科学版），2002, 24(3): 229-233.

[13] 杨树文，薛重生. 航片二次几何校正的应用研究[D]. 遥感技术与应用，2002, 17(3): 154-157.

[14] 党安荣，王晓栋，陈晓峰等. ERDAS IMAGINE 遥感图像处理方法[M]. 北京：清华大学出版社，2003.

[15] 王海晖，彭嘉雄，吴巍等. 多源遥感图像融合效果评价方法研究[J]. 计算机工程与应用，2003, 25(7): 33-37.

[16] 刘哲，郝重阳，冯伟等. 一种基于小波系数特征的遥感图像融合算法[J]. 测绘学报，2004, 33(1): 53-57.

[17] 强赞霞，彭嘉雄，王洪群. 基于小波变换局部方差的遥感图像融合[J]. 华中科技大学学报（自然科学版），2003, 31(6): 89-91.

[18] 汤晓春. 遥感图像增强方法的研究及实现[J]. 华中科技大学硕士论文，2008.

[19] 苏娟. 遥感图像获取与处理[M]，北京：清华大学出版社，2014.

[20] 钱乐祥. 遥感数字影像处理与地理特征提取[M]. 北京：科学出版社，2004.

[21] 邱德艳. 遥感图像分类方法比较研究[J]. 考试周刊，2014 (18): 195-196.

[22] Baatz M, Schäpe A. *Multiresolution Segmentation: An Optimization Approach for High Quality Multi-scale Image Segmentation* [J]. Angewandte Geographische Information Sverarbeitung, 2000, 12(12): 12-23.

[23] 陶超，谭毅华，蔡华杰等. 面向对象的高分辨率遥感影像城区建筑物分级提取方法[J]. 测绘学报，2010, 39(1): 39-45.

[24] Schiewe J., Tufte L., Ehlers M. *Potential and Problems of Multi-scale Segmentation Methods in Remote Sensing*

[J]. GeoBIT/GIS, 2001, 6(01): 34-39.

[25] Laliberte A. S., Rango A., Havstad K. M., et al. *Object-oriented Image Analysis for Mapping Shrub Encroachment from 1937 to 2003 in Southern New Mexico*[J]. Remote Sensing of Environment, 2004, 93(1): 198-210.

[26] 叶润青，牛瑞卿，张良培. 基于多尺度分割的岩石图像矿物特征提取及分析[J]. 吉林大学学报（地球科学版），2011, 41(4): 1253-1261.

[27] Batista M. H., Haertel V. *On the Classification of Remote Sensing High Spatial Resolution Image Data* [J]. International Journal of Remote Sensing, 2010, 31(20): 5533-5548.

[28] Myint S. W., Gober P., Brazel A., et al. *Per-pixel vs. Object-based Classification of Urban Land Cover Extraction using High Spatial Resolution Imagery*[J]. Remote Sensing of Environment, 2011, 115(5): 1145-1161.

[29] Chen J., Li J., Pan D., et al. *Edge-guided Multiscale Segmentation of Satellite Multispectral Imagery* [J]. 2012.

[30] 王培法，王丽，冯学智等. 遥感图像道路信息提取方法研究进展[J]. 遥感技术与应用，2009, 3: 284-291.

[31] 王欣蕊，黄丹，尚子吟. 遥感制图的发展[J]. 科技传播，2012, 14(204): 203.

[32] 潘菊婷. 遥感制图的常规方法概述[J]. 地图，1986, 3: 006.

[33] 王建敏，黄旭东，于欢等. 遥感制图技术的现状与趋势探讨[J]. 矿山测量, 2007 (1): 38-40.

[34] "遥感专题系列"影像信息提取之：DEM 提取[EB/OL]. http://blog.sina.com.cn/s/blog_764b1e9 d01017lty. html.

[35] 北京星图环宇科技有限公司. ENVI 遥感影像处理实用手册[M]. 2005: 496.

[36] 邓书斌. ENVI 遥感图像处理方法[M]. 北京：科学出版社，2011.

[37] "ENVI 入门系列"地形分析与可视化[EB/OL]. http://blog.sina.com.cn/s/blog_764b1e9d0102v57k.html.

[38] "遥感专题系列"影像信息提取之：DEM 提取[EB/OL]. http://blog.sina.com.cn/s/blog_764b1e9 d01017lty. html.

[39] Jarvis A., H. I. Reuter, A. Nelson, E. Guevara. *Hole-filled seamless SRTM data V4. International Center for Tropical Agriculture (CIAT)*, 2008, available from http://srtm.csi.cgiar.org.

[40] McFeeters S. K. *The Use of Normalized Difference Water Index (NDWI) in the Delineation of Open Water Features.* International Journal of Remote Sensing, 1996, 17(7): 1425-1432.

[41] 徐涵秋. 利用改进的归一化差异水体指数（MNDWI）提取水体信息的研究. 遥感学报，2005, 9(5): 589-595.

[42] 闫霈，张友静，张元. 利用增强型水体指数（EWI）和 GIS 去噪音技术提取半干旱地区水体信息的研究. 遥感信息，2007, 6: 62-67.

[43] 杜云艳，周成虎. 水体的遥感信息自动提取方法[J]. 遥感学报，1998, 2(4): 264-269.

[44] 汪金花，张永彬，孔改红. 谱间关系法在水体特征提取中的应用[J]. 矿山测量，2004, 4: 30-32.

[45] 杨树文，薛重生，刘涛等. 一种利用 TM 影像自动提取细小水体的方法[J]. 测绘学报，2010, 39(6): 611-617.

[46] 田庆久，闵祥军. 植被指数研究进展[J]. 地球科学进展，1998, 13(4): 327-333.

[47] Jordan C. F. *Derivation of Leaf Area Index from Quality of Light on the Forest Floor.* Ecology 50, 1969, 663–666.

[48] Huete A. R. *A Soil Adjusted Vegetation Index (SAVI)* [J] . Remote Sens Environ. 1988, (25): 295-309.

[49] Qi J. *A Modified Soil Adjusted Vegetation Index*[J]. Remote Sensing Environ, 1994, (48): 119-126.

[50] 刘辉，谢天文. 基于 PCA 与 HIS 模型的高分辨率遥感影像阴影检测研究[J]. 遥感技术与应用，2013, 28(1): 78-84.

[51] 罗宇翔，陈娟. 近 10 年中国大陆 MODIS 遥感气溶胶光学厚度特征[J]. 生态环境学报，2012, 21(5): 876-883.

[52] 贾亮亮，汪小钦等. 台湾岛高分一号卫星 WFV 数据气溶胶反演与验证[J]. 环境科学学报，2018, 38(3): 1117-1127.

[53] 石广玉，王标，张华等. 大气气溶胶的辐射与气候效应[D]. 大气科学，2008.

[54] 赵小锋，叶红. 热岛效应季节动态随城市化进程演变的遥感监测[J]. 生态环境学报, 2009, 18(5): 1817-1821.

[55] Fang L., Yu T., Gu X., et al. Aerosol retrieval and atmospheric correction of HJ-1 CCD data over Beijing[J]. Yaogan Xuebao- Journal of Remote Sensing, 2013, 17(1): 151-164.

[56] Mannstein H. Surface energy budget, surface temperature and thermal inertia [M]//Remote sensing applications in meteorology and climatology. Springer, Dordrecht, 1987: 391-410.

[57] Tang B., Li Z. L., Zhang R. *A direct method for estimating net surface shortwave radiation from MODIS data* [J]. Remote Sensing of Environment, 2006, 103(1): 115-126.

[58] Kalma J. D., McVicar T R, McCabe M F. *Estimating land surface evaporation: A review of methods using remotely sensed surface temperature data* [J]. Surveys in Geophysics, 2008, 29(4-5): 421-469.

[59] 李召良，段四波，唐伯惠等. 热红外地表温度遥感反演方法研究进展[J]. 遥感学报, 2016（2016 年 05）: 899-920.

[60] 战川，唐伯惠，李召良. 近地表大气逆温条件下的地表温度遥感反演与验证[J]. 遥感学报，2018, 22(1): 28-37.